Nouvelle édition

Contrat 6a Math

Willy Nouten
Jacqueline Van Roy
Willy Van Roy

Waterloo Office Park,
Drève Richelle 161, bât. L,
1410 Waterloo
T 02 427 42 47
F 02 425 79 03
editions.plantyn@plantyn.com
www.plantyn.com

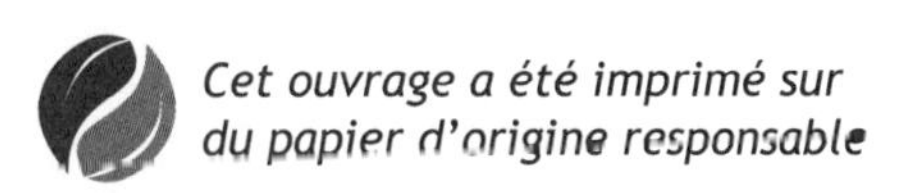

Graphisme intérieur : Julie Catherine
Graphisme de couverture : Émerance Cauchie
Mise en page : Julie Catherine
Illustrations : VM Graphix
Illustration de couverture : Marie Cardouat

ISBN 978-2-8010-0637-5 COMA6AW_002-00 D2013/0120/062

AVANT-PROPOS

Après plusieurs années de succès de la collection **Contrat Math**, nous sommes allés à la rencontre des enseignants. Sur base de pratique quotidienne, les changements suivants ont été réalisés afin d'améliorer la collection et de répondre encore plus aux besoins des enseignants :

➜ Nouvelle couverture ;

➜ Nouvel intérieur ;

➜ Répartition des exercices selon les 4 domaines des socles de compétences ;

➜ Ajout d'exercices dans les parties « grandeurs », « solides et figures » et « traitement de données » ;

➜ Ajout de synthèses.

Contrat Math a évidemment conservé ce qui en a fait son succès jusqu'à présent, à savoir une banque d'exercices clairs et attrayants qui offre du matériel complémentaire aux enseignants pour organiser efficacement leur travail de différenciation.

Les feuilles d'exercices sont utilisables en remédiation ou par l'enseignant qui vise une approche plus individuelle et qui souhaite aborder la matière d'une façon différente.

Les activités peuvent également servir de devoirs pour les enseignants qui ont conservé l'habitude de donner des travaux à domicile aux élèves.

Les exercices avec  demandent un peu plus d'attention.

Les **Contrats Math** sont conformes au nouveau programme de mathématiques de l'enseignement libre (2013) et restent conformes au programme de l'officiel.

Nous vous souhaitons bon travail avec les **Contrats Math**,

Les auteurs

Nombres et opérations

Traitement des données

1. Nombres naturels < 10 000 000
< 10 000 000 000

1. Écris les nombres.

huit cent six mille quatre cent quarante-deux ....

trois millions quatre cent quatre-vingt-sept mille six ....

neuf millions quarante-six mille ....

cinq millions deux cent mille nonante-six ....

trois millions huit mille septante ....

neuf mille sept cent quatre-vingt-six unités sept centièmes ....

neuf millions quarante-six millièmes ....

cent trente-quatre centièmes ....

neuf cent quatre-vingt-sept millions six cent cinquante-quatre mille trois cent vingt et une unités sept millièmes ....

2. Quel nombre est-ce ? Coche.

125 731 000
- O cent vingt-cinq millions sept cent trente et un
- O cent vingt-cinq millions sept cent trente et un mille
- O cent cinquante–deux millions sept cent trente et un mille

150 000 000 O cent cinquante milliards O cent cinquante millions O cent cinq milliards

6,4 milliards O 6 400 000 000 O 64 000 000 000 O 6 040 000 000

3. Écris de deux manières la valeur des chiffres dans les nombres.

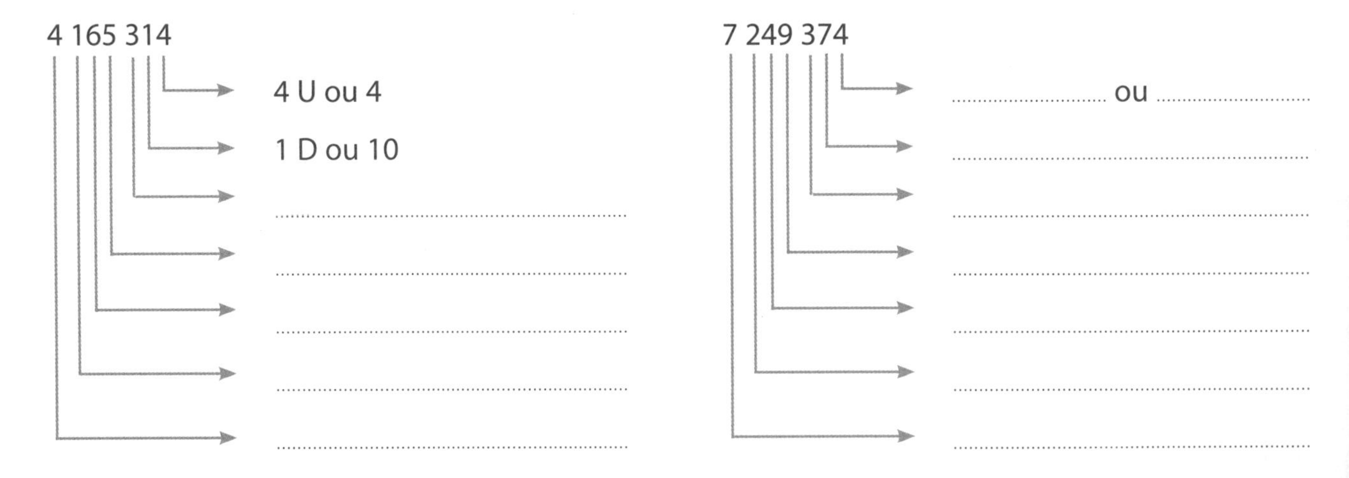

4. Écris la valeur des nombres indiqués.

dans le nombre 90 400 000 la valeur de 9 .... ou ....

de 4 .... ou ....

dans le nombre 935 120 800 la valeur de 3 .... ou ....

de 9 .... ou ....

de 1 .... ou ....

de 8 .... ou ....

5. Quel nombre est-ce ? Écris-le.

5UMi 3CM 7DM 2UM 4C 8D 6U	....	4UMi 5CM 7C 4U	....
2CM 5DM 7UM 8D 2U	....	9UMi 8DM 7U	....
9CM 2UM 7C 3D	....	3UMi 4C	....

6. Analyser les nombres.

7 259 364	7UMi 2CM 5DM 9UM 3C 6D 4U	5 000 080	....
3 480 008	....	1 500 400	....
6 007 700	....	7 000 007	....
846 207	....	680 000	....

7. Complète. Choisis < , > ou =.

158 200	•	5UMi 5DM 8UM 2C	1 903 276	•	1UMi 9CM 3UM 2C 6D 7U
7 624 003	•	76CM 2DM 4UM 3U	4 876 078	•	4UMi 8CM 7DM 8UM 7D 8U

8. Ajoute chaque fois le nombre qui se trouve devant la ligne verticale.

5000	210 500	....	....	....
10 000	1 347 800	....	....	....
50 000	2 100 005	....	....	....
100 000	84 500	....	....	....
500 000	3518	....	....	....
1 000 000	15 700	....	....	....

9. Retire chaque fois le nombre qui se trouve devant la ligne verticale.

5000	2 100 500	....	....	....
10 000	1 800 800	....	....	....
50 000	2 100 005	....	....	....
100 000	8 100 500	....	....	....
500 000	6 500 678	....	....	....
1 000 000	5 700 417	....	....	....

10. Écris chaque fois les nombres demandés.

la dizaine qui précède directement 2 478 637 ....

l'unité de mille qui suit directement 6 259 371 ....

l'unité de millions qui précède directement 6 987 999 ....

⚠ la centaine de mille qui précède directement 3 000 474 ....

⚠ la centaine qui précède 2 678 023 ....

⚠ la première unité de mille après 6 259 052 ....

11. Classe les nombres. Le plus petit nombre figure chaque fois au-dessus.

8 020 510	2 005 600	5 555 550	9 099 099
8 200 510	2 050 060	5 555 055	9 909 099
8 020 150	2 050 600	5 555 555	9 990 909
8 020 501	2 005 006	5 555 505	9 990 990
8 002 510	2 500 600	5 500 550	9 909 909

12. Remplace le chiffre 9 par le chiffre 2 dans chaque nombre. De combien le nombre est-il diminué ?

8 179 025 ....

3 004 279 ....

9 410 400 ....

2 412 194 ....

1 805 940 ....

4 590 320 ....

13. Résous.

- Les autocars d'une agence de voyages ont parcouru l'année dernière 597 500 km sur les routes allemandes. Sur les routes françaises, ils ont parcouru 500 000 km de plus. Quelle distance a été parcourue sur les routes françaises ?

....

Réponse : ....

14. Construis le tableau des nombres jusque 1 000 000 000. Complète les classes manquantes.

Classe des milliards			Classe des millions			Classe des mille			Classe des unités		

15. Écris les nombres suivants dans le tableau ci-dessus.

7 482 000	9,4 millions
32 189 040	178 965 400
1,5 milliard	28 millions

16. Écris le nombre.

sept milliards huit cent mille = ...

neuf millions deux cent mille trente-six = ...

huit millions et demi = ...

17. Écris les nombres, mais sans virgule.

9,2 millions = ... 0,7 milliard = ...

18. Sépare !

9 846 721 539 =

9 .... + 8 .... + 4 .... + 6 .... + 7 ....

+ 2 .... + 1 .... + 5 .... + 3 .... + 9 ....

374 258 619 = (chiffres mélangés !)

2 .... + 6 .... + 7 .... + 1 .... + 5 ....

+ 3 .... + 9 .... + 4 .... + 8 ....

19. Quel nombre est-ce ?

9UMi + 2CM + 3DM + 6UM + 5C + 2D + 4U ....

8CMi + 4UMi + 1UM + 2D + 6U ....

1UMi + 2UM ....

⚠ 7Md + 8CMi + 2UMi ....

⚠ 7CM + 3Md + 5DMi ....

⚠ 7D + 9DMi + 9UMi + 3UM ....

Exercices complémentaires

6DM + 3UM + 4C + 2D ....

9CM + 7UMi + 9CM + 3DM ....

20. **Complète par < , = ,> ou un nombre manquant.**

2UM 3C 8D • 2 308

7Md 6UMi • 7 600 000

315 720 000 • 2DM + 5UMi + 7CM + 3CMi + 1DMi

8UMi 2UM 4D • 80 002 040

3DMi < .... < 4DMi

3 250 000 + 1 450 000 > ....

8Md + 3UMi + 2CM > ....

6UM + 2CM + 3D = ...

21. **Complète le nombre manquant.**

325 738 522 =
20 000 000 + 20 + 2 + 8000 + 300 000 000 + 700 000 + 500 + 30 000 + ...

7,4 milliards = 7 000 000 000 + ...

22. **Résous.**

- Les organisations de voyages parcourent annuellement un grand nombre de km en car. Tu trouveras les organisations de quelques pays européens dans le tableau ci-dessous.

PAYS	km parcourus en car
Pays-Bas	150 000 000
Belgique	95 000 000
Allemagne	740 000 000
France	710 000 000
Grande-Bretagne	630 000 000

- Classe les pays selon les valeurs par ordre croissant.

....

- Dans quel pays a-t-on roulé le plus ?

....

- Dans quel pays a-t-on roulé le moins ?

....

- Cite deux pays qui au total font ensemble 780 000 000 km parcourus.

....

- Quels sont les pays dans lesquels on a parcouru plus de 600 000 000 km ?

....

- Combien de km ont été parcourus au total par les Belges et les habitants des Pays-Bas ?

....

23. Complète par le nombre le plus approprié.

Tu peux choisir parmi : 6 000 000 000, 10 000 000, 100 000, 20, 3000.

- Le prix pour un nouvel appartement s'élève à .... euros.
- Le prix d'un CD d'un célèbre artiste pop s'élève à ....
  euros.
- En Belgique, il y a environ .... habitants.
- La population mondiale totale, c'est plus de .... habitants.
- Cette camionnette de livraison peut transporter maximum ....kg.

24. Fabian avait rempli ce cadre de gommettes noires de manière régulière. Malheureusement, il a renversé un pot de peinture cachant ainsi une partie de son travail. Combien avait-il utilisé de gommettes en tout ? Écris ton calcul.

....

....

....

2. Les fractions : comparer, classer, interpréter, additionner, soustraire, structurer, équivalences

Synthèse

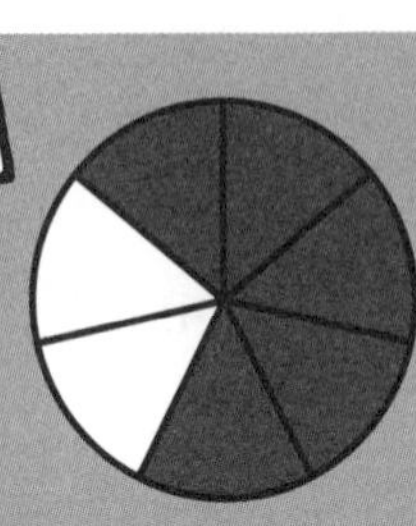

› $\frac{5}{7}$

› 5 est le .... Ce sont les parts que nous avons ....

› 7 est le .... C'est le nombre de parts que nous avons ....

Nous pouvons simplifier une fraction en .... le dénominateur et le numérateur par un .... nombre.

Une fraction irréductible est une fraction ....

1. Complète.

$1 = \frac{\dots}{12}$	$2 = \frac{\dots}{15}$	$10 = \frac{10}{\dots}$	$\frac{15}{5} = \dots\dots$	$\frac{7}{2} =$ 3 unités et $\frac{\dots}{\dots}$
$3 = \frac{\dots}{8}$	$6 = \frac{\dots}{10}$	$10 = \frac{90}{\dots}$	$\frac{5}{3} = \dots\dots$ unité et $\frac{\dots}{\dots}$	$\frac{\dots}{5} = 3$

2. Partage les bandelettes en 4,6,8,10 parties égales. Hachure chaque fois la partie égale à 1/2 et écris-y la valeur.

1
1/2

3. Complète par < , > ou =.

$\frac{4}{5}$ • 1 unité et $\frac{1}{5}$	$\frac{18}{3}$ • 6	2 unités et $\frac{3}{4}$ • $\frac{4}{3}$	$\frac{3}{4}$ • $\frac{4}{3}$
$\frac{7}{6}$ • 1	9 • $\frac{9}{9}$	$\frac{8}{4}$ • $\frac{4}{2}$	$\frac{1}{6}$ • $\frac{6}{1}$

4. Place les nombres sur la ligne des nombres. Ajoute une petite flèche.

$\frac{2}{15}$ $\frac{7}{15}$ $\frac{15}{15}$ $\frac{4}{15}$ $\frac{16}{15}$ $\frac{9}{15}$

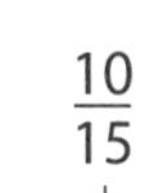

0 ... $\frac{10}{15}$

$1 \quad \frac{17}{14} \quad \frac{4}{14} \quad \frac{10}{14} \quad \frac{6}{14} \quad \frac{15}{14}$

5. Dessine toi-même une ligne de nombres.
Utilise ta latte. Place les nombres suivants sur cette ligne.

$0 \quad \frac{2}{3} \quad \frac{1}{2} \quad \frac{6}{3} \quad \frac{4}{6}$

6. Indique une petite croix dans la colonne correspondante.

	VRAI	FAUX
Des fractions sont des nombres. Ils ont une place sur la ligne des nombres.		
Des fractions peuvent exprimer un rapport entre des grandeurs.		
Une fraction est toujours plus petite que l'unité.		
Une fraction dont le numérateur est 1 est une fraction irréductible.		
Une fraction dont le dénominateur est plus grand que le numérateur est plus petite que 1.		

7. Résous.

- Dessine le segment de droite AB à l'échelle. Utilise ta latte.

A B

échelle 3/1

échelle 3/4

- Mona possède 100 € sur son livret d'épargne. Son frère possède 4/5 de ce montant. Combien possède le frère de Mona ?

....

Réponse : ....

- Au marché annuel, il y a une "Roue de la Fortune". La roue est partagée en 15 parties égales. Sept sont peintes en vert, 3 en bleu et le reste en jaune. Tu ne peux la faire tourner qu'une seule fois. Combien possèdes-tu de possibilités pour que la roue s'arrête sur une case jaune ? Exprime cette possibilité sous forme de fraction.

Réponse : ....

- À la tombola de l'école, tous les billets se terminant par 0 sont gagnants.
  100 billets ont été vendus allant du numéro 001 au numéro 100.

  $\frac{.}{.}$ des billets sont gagnants.

8. Partage ce segment de droite en 16 parties égales.
Entoure les fractions irréductibles et à l'aide d'une petite flèche, place-les sur le segment de droite.

(un exemple est donné) : $\frac{1}{2}$; $\frac{2}{2}$; $\frac{1}{4}$; $\frac{2}{4}$; $\frac{1}{8}$; $\frac{5}{8}$; $\frac{1}{16}$

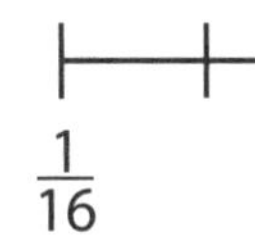

$\frac{1}{16}$

9. Complète chaque fois le dénominateur.

- le quadruple de $\frac{1}{8}$ est $\frac{1}{.}$.
- le double de $\frac{1}{16}$ est $\frac{1}{.}$.
- la moitié de $\frac{1}{4}$ est $\frac{1}{.}$.
- le quart de $\frac{1}{8}$ est $\frac{1}{.}$.

10. Vrai ou faux ? Indique une croix dans la colonne correcte.

	VRAI	FAUX
Toutes les fractions dont le numérateur est 1 sont des fractions irréductibles.		
Lorsque je divise le dénominateur d'une fraction par quatre, alors la fraction devient quatre fois plus petite.		
Lorsque je retire un même nombre du numérateur et du dénominateur, la fraction garde la même valeur.		
Lorsque je multiplie le numérateur et le dénominateur par le même nombre, alors la fraction devient plus grande.		
Lorsque je partage un jeu de cartes à jouer en deux tas égaux, il y a dans chaque tas 26/52.		
Vingt-six cinquante-deuxièmes, c'est autant que la moitié.		

11. Écris les fractions équivalentes.

$\frac{30}{50} = \frac{.}{10}$ | $\frac{5}{10} = \frac{1}{.}$ | $\frac{80}{100} = \frac{.}{10}$ | $\frac{5}{100} = \frac{.}{4}$

$\frac{8}{64} = \frac{.}{16}$ | $\frac{1}{9} = \frac{5}{.}$ | $\frac{3}{4} = \frac{.}{100}$ | $\frac{375}{1000} = \frac{3}{.}$

$\frac{36}{108} = \frac{.}{3}$ | $\frac{6}{10} = \frac{60}{.}$ | $\frac{1}{125} = \frac{.}{1000}$ | $\frac{9}{27} = \frac{1}{.}$

12. **Dans un village, 1/8 de la superficie est occupé par les maisons et les rues, 3/16 sont destinés à l'industrie, 1/8 aux prairies et 3/16 aux champs. Enfin, 1/4 est occupé par des bois et 2/16 par des terres en friche. Transfère ces données dans la grille. Écris toi-même la légende.**

☐ habitations
☐ industries
☐ champs
☐ prairies
☐ bois
☐ terres en friche

Quelles constatations sont correctes ? Indique une petite croix devant la ou les bonne(s) réponse(s).

○ La superficie des bois vaut le double de celle des habitations.

○ Dans ce village, il y a plus de superficie pour l'industrie que pour l'agriculture.

○ Il y a autant de superficie de terres en friche que de superficie habitée.

13. **Lis attentivement, résous, si nécessaire sur feuille séparée et écris ensuite le résultat ci-dessous.**

- Écris la fraction la plus simple possible.

Superficie totale de cultures

X	X	X	X	X	X	X	X	X	|
|	|	|	|	|	|	|	|	|	–
–	–	–	–	–					
•	•	•	•	•	•	•	•	•	•
•	•	•	•	•	•	•	•	•	•

X	Azalées	· /100
–	Fleurs à couper	· /100
|	Bégonias	· /100
	Chrysanthèmes en pot	· /100
•	Rosiers	· /100

- La semaine dernière, la firme "Sûr et Rapide" a transporté 26 424 tonnes de marchandises. Un quart des marchandises a été transporté en Allemagne, un huitième vers la France, trois huitièmes vers les Pays-Bas et le reste en Belgique. Combien de tonnes ont été transportées en Belgique ?
Écris les différentes étapes pour arriver à la solution.

....

....

Réponse : ....

14. **Cherche des fractions équivalentes.**

$\frac{1}{4} = \frac{\cdot}{24}$ | $\frac{8}{20} = \frac{2}{\cdot}$ | $\frac{2}{8} = \frac{\cdot}{64}$ | $\frac{94}{100} = \frac{\cdot}{50}$

$\frac{18}{36} = \frac{9}{\cdot}$ | $\frac{3}{25} = \frac{\cdot}{100}$ | $\frac{\cdot}{3} = \frac{40}{60}$ | $\frac{6}{8} = \frac{30}{\cdot} = \frac{\cdot}{100}$

15. Entoure chaque fois la plus grande fraction.

$\frac{1}{2}$ $\frac{3}{8}$ $\frac{3}{4}$	$\frac{1}{2}$ $\frac{2}{5}$ $\frac{3}{10}$	$\frac{10}{9}$ $\frac{9}{8}$ $\frac{11}{10}$	$\frac{13}{14}$ $\frac{7}{7}$ $\frac{29}{28}$
$\frac{1}{4}$ $\frac{2}{9}$ $\frac{3}{4}$	$\frac{1}{3}$ $\frac{2}{8}$ $\frac{3}{12}$	$\frac{13}{11}$ 2 $\frac{7}{3}$	$\frac{4}{5}$ $\frac{7}{8}$ $\frac{3}{10}$

16. Classe ces fractions.

$\frac{4}{5}$ $\frac{2}{3}$ $\frac{3}{6}$ $\frac{6}{10}$

$\frac{\cdot}{\cdot} < \frac{\cdot}{\cdot} < \frac{\cdot}{\cdot} < \frac{\cdot}{\cdot}$

$\frac{8}{6}$ $\frac{4}{10}$ $\frac{2}{2}$ $\frac{3}{4}$

$\frac{\cdot}{\cdot} > \frac{\cdot}{\cdot} > \frac{\cdot}{\cdot} > \frac{\cdot}{\cdot}$

17. Écris les fractions sur la ligne des nombres. Ajoutes-y une petite flèche.

$\frac{4}{5}$ $\frac{6}{10}$ $\frac{7}{7}$ $\frac{8}{10}$ $\frac{6}{5}$

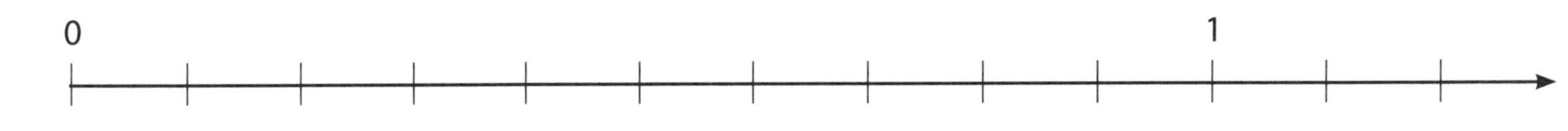

$\frac{2}{6}$ $\frac{2}{9}$ $\frac{4}{3}$ 2 $\frac{2}{3}$ 

18. Quelle fraction est indiquée par la petite flèche ?

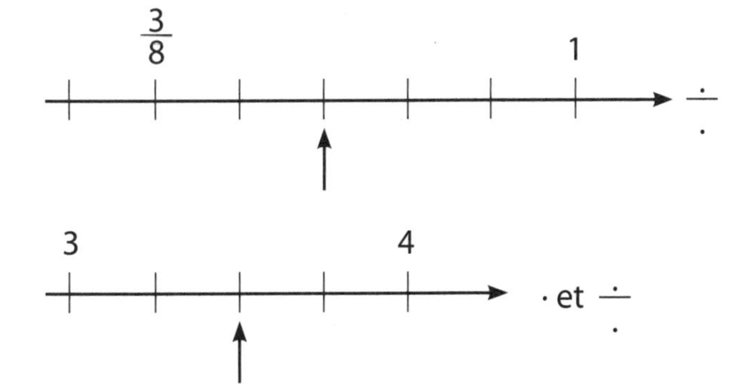

$\frac{4}{9}$ $\frac{10}{9}$ $\frac{\cdot}{\cdot}$ ou $\frac{\cdot}{\cdot}$

$\frac{1}{1}$ 2 .... et $\frac{\cdot}{\cdot}$

19. Lis attentivement et résous mentalement.

- Un champ rectangulaire a une longueur de 80 m. La largeur vaut 4/5 de la longueur.
  Calcule la largeur, le périmètre et la superficie de ce champ.

  ....

  ....

  Réponse : ....

- Entoure la plus grande partie de la même unité : 8/7 ou 15/14 ?

• Ma sœur est économe et gère très bien son argent de poche. En général, elle dépense 3/8 et elle épargne le reste soit 12,50 €. Pour l'anniversaire de maman, elle a dépensé 6/5.
Combien a-t-elle retiré de son compte pour cette occasion ?

....

....

Réponse : ....

20. Complète par < , > ou =.

$\frac{4}{5}$ • $\frac{14}{15}$	$\frac{4}{8}$ • $\frac{4}{7}$	$\frac{3}{5}$ • $\frac{3}{4}$	$\frac{7}{10}$ • $\frac{4}{5}$
$\frac{12}{15}$ • $\frac{12}{13}$	$\frac{7}{8}$ • $\frac{6}{7}$	$\frac{8}{9}$ • $\frac{9}{10}$	$\frac{11}{10}$ • $\frac{1}{1}$
7 • $\frac{56}{7}$	$\frac{4}{9}$ • $\frac{9}{4}$	$\frac{125}{1000}$ • $\frac{1}{8}$	$\frac{3}{3}$ • $\frac{7}{7}$

Exercices complémentaires

Complète par < , > ou =.

$\frac{2}{5}$ • $\frac{1}{5}$	$\frac{3}{6}$ • $\frac{3}{8}$	$\frac{2}{3}$ • $\frac{4}{6}$	$\frac{3}{5}$ • $\frac{4}{7}$
$\frac{7}{8}$ • $\frac{3}{8}$	$\frac{5}{4}$ • $\frac{5}{2}$	$\frac{1}{2}$ • $\frac{4}{8}$	$\frac{3}{4}$ • $\frac{5}{8}$

21. Rends ces fractions irréductibles.

$\frac{80}{100} = \frac{\cdot}{\cdot}$	$\frac{45}{100} = \frac{\cdot}{\cdot}$	$\frac{21}{28} = \frac{\cdot}{\cdot}$	$\frac{25}{100} = \frac{\cdot}{\cdot}$
$\frac{12}{60} = \frac{\cdot}{\cdot}$	$\frac{36}{48} = \frac{\cdot}{\cdot}$	$\frac{25}{125} = \frac{\cdot}{\cdot}$	$\frac{36}{72} = \frac{\cdot}{\cdot}$
$\frac{80}{120} = \frac{\cdot}{\cdot}$	$\frac{18}{27} = \frac{\cdot}{\cdot}$	$\frac{63}{72} = \frac{\cdot}{\cdot}$	$\frac{375}{1000} = \frac{\cdot}{\cdot}$

22. Classe les fractions.

$\frac{1}{5}$ $\frac{10}{5}$ $\frac{4}{5}$ $\frac{5}{5}$ $\frac{7}{5}$ $\frac{2}{5}$

.... < .... < .... < .... < .... < ....

$\frac{7}{4}$ $\frac{7}{14}$ $\frac{7}{7}$ $\frac{7}{10}$ $\frac{7}{2}$ $\frac{7}{8}$

.... < .... < .... < .... < .... < ....

$\frac{4}{2}$ $\frac{3}{6}$ $\frac{1}{4}$ $\frac{5}{5}$ $\frac{6}{4}$ $\frac{9}{3}$

.... < .... < .... < .... < .... < ....

Synthèse

Pour classer des fractions :

- **Si les numérateurs sont identiques**
  Plus le dénominateur est grand, plus la fraction est ....
- **Si les dénominateurs sont identiques**
  Plus le numérateur est grand, plus la fraction est ....

23. Rends les fractions équivalentes.

$\frac{2}{7}$ et $\frac{1}{2}$ → $\frac{\cdot}{\cdot}$ et $\frac{\cdot}{\cdot}$	$\frac{3}{4}$ et $\frac{1}{2}$ → $\frac{\cdot}{\cdot}$ et $\frac{\cdot}{\cdot}$
$\frac{1}{5}$ et $\frac{2}{3}$ → $\frac{\cdot}{\cdot}$ et $\frac{\cdot}{\cdot}$	$\frac{5}{8}$ et $\frac{5}{6}$ → $\frac{\cdot}{\cdot}$ et $\frac{\cdot}{\cdot}$
$\frac{3}{4}$ et $\frac{7}{10}$ → $\frac{\cdot}{\cdot}$ et $\frac{\cdot}{\cdot}$	$\frac{4}{9}$ et $\frac{1}{6}$ → $\frac{\cdot}{\cdot}$ et $\frac{\cdot}{\cdot}$
$\frac{4}{5}$ et $\frac{2}{3}$ → $\frac{\cdot}{\cdot}$ et $\frac{\cdot}{\cdot}$	$\frac{3}{8}$ et $\frac{2}{4}$ → $\frac{\cdot}{\cdot}$ et $\frac{\cdot}{\cdot}$
$\frac{3}{4}$ et $\frac{2}{3}$ → $\frac{\cdot}{\cdot}$ et $\frac{\cdot}{\cdot}$	$\frac{5}{9}$ et $\frac{2}{3}$ → $\frac{\cdot}{\cdot}$ et $\frac{\cdot}{\cdot}$
$\frac{3}{4}$ et $\frac{9}{12}$ → $\frac{\cdot}{\cdot}$ et $\frac{\cdot}{\cdot}$	$\frac{3}{4}$ et $\frac{5}{6}$ → $\frac{\cdot}{\cdot}$ et $\frac{\cdot}{\cdot}$

24. Résous.

- Katia, Valérie et Julie participent à une course relais pour l'opération "Non au cancer !" Katia parcourt 2/5 de la distance, Valérie la moitié et Julie la distance restante. Qui a parcouru la plus longue distance ?

  ....

  Réponse : ....

- Quelle partie de la distance Julie a-t-elle parcourue ?

  ....

  Réponse : ....

- Dessine quatre rectangles contigus (= voisins). Une partie de chaque rectangle a déjà été dessinée. Quel est le rectangle le plus grand ? A, B, C ou D ?

....

1/4 de A	1/8 de B
1/3 de C	2/4 de D

25. Écris chaque fois trois fractions différentes mais équivalentes.

$\frac{2}{5} = \frac{\cdot}{\cdot} = \frac{\cdot}{\cdot} = \frac{\cdot}{\cdot}$ $\qquad$ $\frac{2}{3} = \frac{\cdot}{\cdot} = \frac{\cdot}{\cdot} = \frac{\cdot}{\cdot}$

$\frac{3}{4} = \frac{\cdot}{\cdot} = \frac{\cdot}{\cdot} = \frac{\cdot}{\cdot}$ $\qquad$ $\frac{7}{8} = \frac{\cdot}{\cdot} = \frac{\cdot}{\cdot} = \frac{\cdot}{\cdot}$

$\frac{2}{9} = \frac{\cdot}{\cdot} = \frac{\cdot}{\cdot} = \frac{\cdot}{\cdot}$ $\qquad$ $\frac{6}{9} = \frac{\cdot}{\cdot} = \frac{\cdot}{\cdot} = \frac{\cdot}{\cdot}$

26. Simplifie le plus possible pour trouver la fraction irréductible.

$\frac{9}{10} = \frac{\cdot}{\cdot}$ $\qquad$ $\frac{4}{20} = \frac{\cdot}{\cdot}$ $\qquad$ $\frac{16}{40} = \frac{\cdot}{\cdot}$ $\qquad$ $\frac{12}{28} = \frac{\cdot}{\cdot}$

$\frac{5}{15} = \frac{\cdot}{\cdot}$ $\qquad$ $\frac{10}{12} = \frac{\cdot}{\cdot}$ $\qquad$ $\frac{18}{10} = \frac{\cdot}{\cdot}$ $\qquad$ $\frac{8}{64} = \frac{\cdot}{\cdot}$

27. Résous. Cherche d'abord un dénominateur commun en utilisant le PPCM. Simplifie si c'est possible.

$\frac{4}{5} + \frac{3}{7} =$ .... $\qquad$ $\frac{3}{2} - \frac{2}{7} =$ ....

$\frac{4}{6} + \frac{5}{18} =$ .... $\qquad$ $\frac{11}{9} - \frac{5}{8} =$ ....

$\frac{9}{5} + \frac{5}{4} =$ .... $\qquad$ $\frac{7}{5} - \frac{9}{20} =$ ....

$\frac{8}{9} + \frac{1}{6} =$ .... $\qquad$ $\frac{5}{4} - \frac{2}{7} =$ ....

$\frac{3}{15} + \frac{7}{10} =$ .... $\qquad$ $\frac{7}{6} - \frac{5}{9} =$ ....

Synthèse

Pour additionner et soustraire des fractions

Il faut réduire au même ....
en utilisant le PPCM des deux dénominateurs
(P.................. P.................. C.................. M..................)

28. Effectue.

- Papa est souvent très, très occupé : 2/9 de son temps sont consacrés au ménage ; 1/3 à son travail. Les enfants sollicitent 1/6 de son temps.
  Quelle partie de son temps lui reste-t-il pour se reposer, se distraire, faire du sport, … ?

  ……………………………………………………………………………………………

  Réponse : ……………………………………………………………………………

29. Résous.

- “Non au cancer !” a récolté dans notre commune, le week-end dernier, plus de 25 000 euros. 2/5 du montant proviennent de l’action “Petit déjeuner à domicile”. La vente d’azalées a rapporté 3/8 du montant. Il y avait encore d’autres petits dons divers. Quelle action a rapporté le plus d’argent ?

  ……………………………………………………………………………………………

  Réponse : ……………………………………………………………………………

- Indique à l’aide d’une fraction, quelle partie cette action a rapporté de plus que les autres.

  ……………………………………………………………………………………………

  Réponse : ……………………………………………………………………………

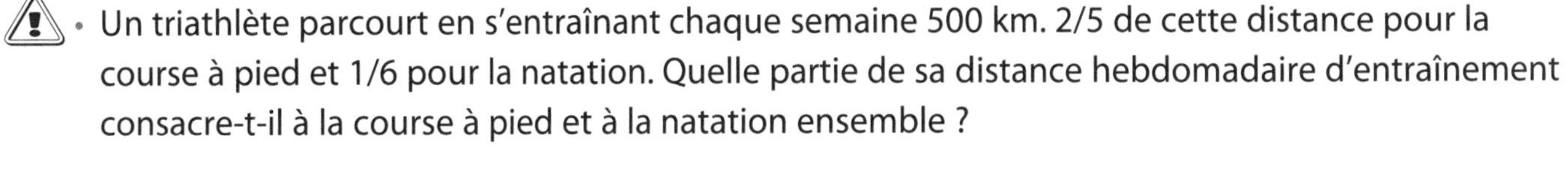

- Un triathlète parcourt en s’entraînant chaque semaine 500 km. 2/5 de cette distance pour la course à pied et 1/6 pour la natation. Quelle partie de sa distance hebdomadaire d’entraînement consacre-t-il à la course à pied et à la natation ensemble ?

  ……………………………………………………………………………………………

  Réponse : ……………………………………………………………………………

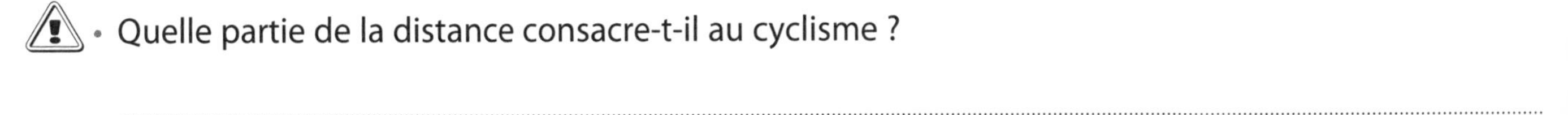

- Quelle partie de la distance consacre-t-il au cyclisme ?

  ……………………………………………………………………………………………

  Réponse : ……………………………………………………………………………

30. Complète.

$\frac{7}{8}$ c’est $\frac{1}{8}$ de moins que $\frac{\dots}{8}$ $\qquad$ $\frac{1}{20}$ c’est $\frac{9}{20}$ de moins que $\frac{\dots}{\dots}$

$\frac{4}{9}$ c’est $\frac{\dots}{\dots}$ de plus que $\frac{1}{9}$ $\qquad$ $\frac{9}{7}$ c’est $\frac{2}{7}$ de plus que $\frac{\dots}{\dots}$

$\frac{8}{3}$ c’est $\frac{1}{3}$ de moins que $\frac{\dots}{\dots}$ $\qquad$ $\frac{9}{10}$ c’est $\frac{\dots}{\dots}$ de moins que $\frac{15}{15}$

31. Résous.

$\frac{9}{9}$ c'est trois fois $\frac{\ldots}{9}$ ou trois fois $\frac{\ldots}{3}$

$\frac{16}{8}$ c'est quatre fois $\frac{\ldots}{\ldots}$ ou quatre fois $\frac{\ldots}{\ldots}$

$\frac{3}{2}$ c'est trois fois $\frac{\ldots}{\ldots}$

6 et $\frac{6}{8}$ c'est six fois .... et $\frac{\ldots}{\ldots}$

$\frac{25}{5}$ c'est cinq fois $\frac{\ldots}{\ldots}$ ou cinq fois ....

$\frac{21}{6}$ c'est trois fois $\frac{\ldots}{\ldots}$

32. Lis attentivement et résous.

- Si tu partages 8/3 en 4 parties égales, chacun(e) a $\frac{\ldots}{\ldots}$.
- 8/10 c'est le double de $\frac{\ldots}{\ldots}$.
- Sépare 15/8 en cinq parties égales. Chaque part vaut $\frac{\ldots}{\ldots}$.
- Partage 4/6 en deux parties égales. Chaque part vaut $\frac{\ldots}{\ldots}$ ou $\frac{\ldots}{\ldots}$.
- 2/3 et 2/3 et 2/3 font ensemble $\frac{\ldots}{\ldots}$ ou ....
- Vrai ou faux ?
  Une fraction est un nombre que tu peux séparer. ....

  Comme d'autres nombres, on peut additionner, soustraire, multiplier et diviser des fractions. ....

33. Quatre questions !

Qui possède un chat à la maison ? demande l'institutrice. Douze enfants lèvent le doigt.
Et qui possède un chien ? Sept enfants lèvent le doigt.
Qui parmi vous possède un chien ET un chat ? Cinq enfants lèvent le doigt.
À présent, les 3/4 des enfants de la classe ont levé le doigt.
Combien d'élèves y a-t-il dans cette classe ?

....

Réponse : ....

3. Nombres décimaux à trois décimales
Comparer et classer des nombres décimaux
Équivalence entre nombres décimaux et fractions

Rappel

Écris les nombres décimaux et retranscris-les ensuite dans le tableau.

- 7C 4D 3d 8c = ...
- 4CM 8D 5U 9c 2m = ...
- 5DM 4C 2D 1c 6m = ...
- 2UMi 6UM 7C 5d 9c = ...
- 6D 8DM 3c 6d = ...
- 9UM 2DM 1d 3m 5c = ...

unités ←							→ décimales		
UMi	CM	DM	UM	C	D	U,	d	c	m

1. **Écris les nombres.**

- Dix-sept unités trois cent vingt millièmes ....
- Trois cents unités vingt millièmes ....
- Dix-sept unités deux cent trente millièmes ....
- Trois cents unités trois cents millièmes ....
- Dix-sept centièmes ....
- Cent nonante millièmes ....
- Trois cents unités cinquante millièmes ....
- Dix-sept unités deux cent trois millièmes ....

2. **Lis attentivement les consignes.**

	0,002								0,010
		0,023							
						0,067			

- **Complète les cases grisées.**
- **Situe et écris (en vert) :** 0,005 / 0,019 /0,036 / 0,087 / 0,024 /0,069 / 0,093 / 0,072 / 0,050 /0,055

• **Pointe les nombres qui ne prendront pas place dans ce tableau ; écris ceux qui conviennent dans le tableau(bleu).**

0,008	0,106	0,096	0,320	0,073	0,080	0,101	0,058	0,038	0,081

3. **Écris les nombres corrects sur les pointillés de chaque ligne de nombres.**

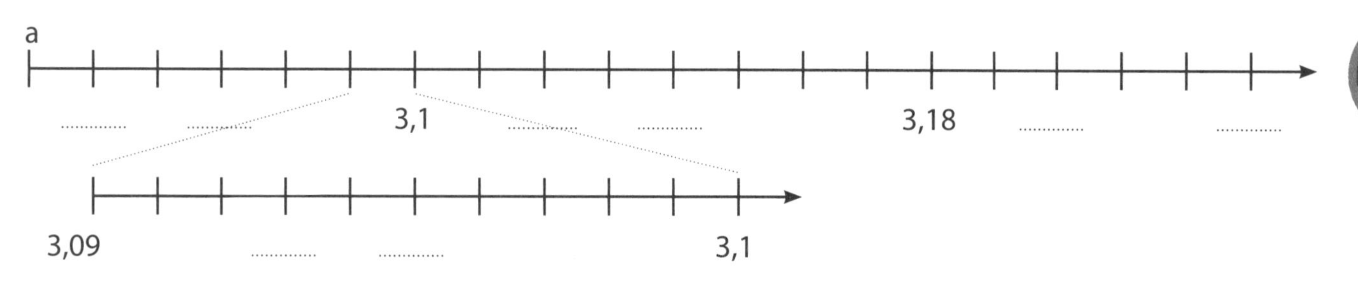

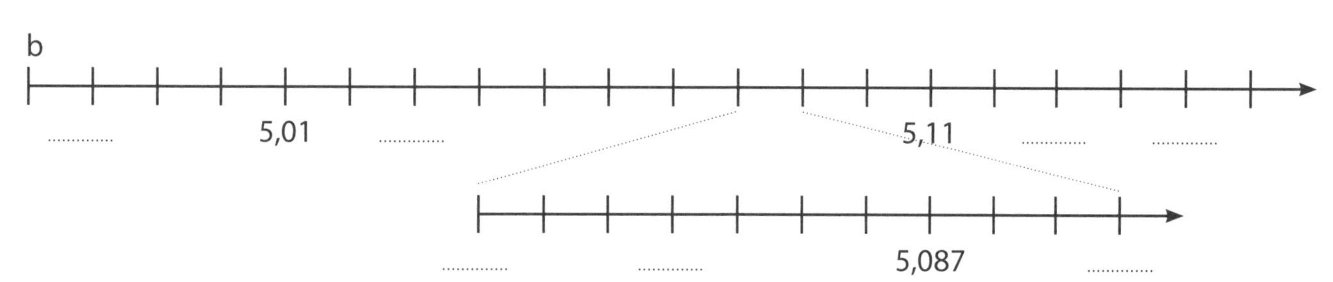

4. **Souligne les nombres > 1,234 et < 2,432.**

1,3 2,524 0,999 1,23 1,789 1,066

2,3 1,524 1,999 2,23 2,789 2,44

5. **Écris les nombres décimaux par ordre décroissant. Utilise le symbole correct.**

2,023 2,23 2,032 2,1 2,09 2,15

....

6. **Écris les valeurs d'ordre.**

4896,204 = 4 .... 8 .... 9 .... 6 U 2 .... 4 ....

70 302,963 = 7 .... 3 .... 2 .... 9 .... 6 .... 3 ....

8620,057 = 8 .... 6 .... 2 .... 5 .... 7 ....

7. Écris les nombres décimaux sur la ligne des nombres.

2 2,007 2,07(0)

8. Complète : >, <, =.

51,51 • 51,15	7,36 • 7,360	2,100 • 2,01	34,567 • 34,67
44,444 • 44,5	0,7 • 7,0	99,9 • 99,89	4,5 • 5,4

9. Écris la valeur des chiffres 3, 5 et 9.

25 683,9	15,293	564,039
3 = 3U ou 3	3 = ... ou	3 = ... ou ....
5 = ... ou	5 = ... ou	5 = ... ou ....
9 = ... ou	9 = ... ou	9 = ... ou ....

10. Barre les zéros inutiles.

920,920 06,003 900,900 900 650,60 360,00 5000,070

11. Arrondis au plus proche.

*dixième	*centième	*unité
589,296	589,289	598,289 ....
589,226	589,296	598,889 ....

Exercices complémentaires

589,926	589,899	599,889 ....
589,986	589,099	600,501 ....

12. Vainqueurs du 100 m aux Jeux Olympiques.

1960	Armin Hary (GER)	10,2
1964	Robert Hayes (USA)	10
1968	Jim Hines (USA)	9,9
1972	Valeri Borzov (URS)	10,14
1976	Hasely Crawford (TRI)	10,06
1980	Allan Wells (GBR)	10,25
1984	Carl Lewis (USA)	9,99
1988	Carl Lewis (USA)	9,92
1992	Linford Christie (GBR)	9,96
1996	Donovan Bailey (CAN)	9,84
2000	Maurice Greene (USA)	9,87
2004	Justin Gatlin (USA)	9,85
2008	Usain Bolt (JAM)	9,69
2012	Usain Bolt (JAM)	9,63

Qui gagna avec un centième de moins que 10 secondes ?
En quelle année ?

....

Quel athlète courut le meilleur temps ?

....

Écris le temps le plus lent de ce tableau.

....

13. Indique une petite croix dans la case correcte.

La moitié de 6,1 c'est
- O 3,5
- O 3,05
- O 3,1

Le double de 0,85 c'est
- O 0,170
- O 1,170
- O 1,7

Un dixième plus petit que 8,275 c'est
- O 8,175
- O 8,265
- O 8,274

Un millième de moins que 10 c'est
- O 9,909
- O 9,999
- O 9,99

14. Coche la réponse correcte.

La moitié de 1 c'est
- O 0,005
- O 0,050
- O 0,500

Dix-sept dixièmes c'est
- O 17
- O 1,7
- O 0,17

Un centième de plus que 8,9 c'est
- O 9
- O 9,1
- O 8,91

Quatre cent vingt centièmes c'est
- O 42,00
- O 4,20
- O 0,420

15. Classe les cinq plus petits nombres ci-dessus par ordre croissant.

....

16. Arrondis jusqu'à la valeur demandée. Moins que 5 dixièmes, centièmes, millièmes, tu arrondis vers le bas.
Égal ou plus que 5 dixièmes, centièmes, millièmes, tu arrondis vers le haut.

	jusqu'à l'U	jusqu'au d	jusqu'au c	jusqu'à la D (⚠)
12,398	....	....	....	....
9,789	....	....	....	....
25,108	....	....	....	....
99,545	....	....	....	....
91,893	....	....	....	....
11,111	....	....	....	....
156,582	....	....	....	....

17. Encadre ces nombres :

- à l'unité près .... < 5,369 < .... < 34,532 < ....
- au dixième près .... < 5,369 < .... < 34,532 < ....
- au centième près .... < 5,369 < .... < 34,532 < ....
- au millième près .... < 5,369 < .... < 34,532 < ....

18. Convertis les nombres décimaux en fractions décimales. Trouve la fraction irréductible !

0,8 = $\frac{\cdot}{\cdot}$ = $\frac{\cdot}{\cdot}$		0,375 = $\frac{\cdot}{\cdot}$ = $\frac{\cdot}{\cdot}$
0,09 = $\frac{\cdot}{\cdot}$ = $\frac{\cdot}{\cdot}$		2,5 = $\frac{\cdot}{\cdot}$ = $\frac{\cdot}{\cdot}$
0,25 = $\frac{\cdot}{\cdot}$ = $\frac{\cdot}{\cdot}$		0,2 = $\frac{\cdot}{\cdot}$ = $\frac{\cdot}{\cdot}$
0,75 = $\frac{\cdot}{\cdot}$ = $\frac{\cdot}{\cdot}$		0,625 = $\frac{\cdot}{\cdot}$ = $\frac{\cdot}{\cdot}$
0,6 = $\frac{\cdot}{\cdot}$ = $\frac{\cdot}{\cdot}$		0,750 = $\frac{\cdot}{\cdot}$ = $\frac{\cdot}{\cdot}$

19. Écris sous forme de nombres décimaux. Si nécessaire, transforme d'abord en fractions décimales.

$\frac{3}{4}$ = ...	$\frac{1}{100}$ = ...	$\frac{3}{8}$ = ...
$\frac{9}{5}$ = ...	$\frac{2}{5}$ = ...	$\frac{1}{4}$ = ...
$\frac{1}{2}$ = ...	$\frac{18}{10}$ = ...	$\frac{4}{5}$ = ...
$\frac{28}{1000}$ = ...	$\frac{36}{5}$ = ...	$\frac{125}{100}$ = ...

20. Complète : ‹ = ›.

0,30 • $\frac{60}{100}$	$\frac{1}{5}$ • 0,2	$\frac{9}{10}$ • 0,9
$\frac{4}{5}$ • 0,08	0,70 • $\frac{3}{4}$	1 • $\frac{15}{10}$

Exercices complémentaires

$\frac{1}{8}$ • 0,125	0,25 • $\frac{1}{6}$	3 • $\frac{15}{4}$
7,5 • $\frac{1}{15}$	$\frac{16}{5}$ • 3,2	$\frac{3}{8}$ • 0,370

21. Complète le nombre manquant.

0,85 c'est 0,30 et	0,80 c'est .... et 0,25.	0,6 + $\frac{1}{10}$ = ...
0,15 c'est 3 fois	0,70 c'est 2 fois	0,25 + $\frac{1}{2}$ = ...
0,922 c'est .... de moins que 1.	0,90 c'est .... de moins que 1.	.... , ... + $\frac{1}{2}$ = 1
0,36 c'est 0,17 et	0,999 c'est 3 fois	.... , ... + $\frac{3}{4}$ = 1
0,652 c'est .... de plus que 0,65.	0,387 c'est 0,300 et	.... , ... + $\frac{1}{8}$ = 1

22. Complète les tableaux afin d'obtenir les nombres indiqués.

1,37	
1,20	
1,3	
0,90	
1,234	

\+

16 942	
8 471	
2 117,75	
4 235,5	
1 058,875	

x

1	
0,7	
0,71	
0,315	
0,704	
0,009	

\+

1	
2	
5	
10	
20	
50	

x

23. Les affirmations suivantes sont-elles correctes ?
Si non, corrige ce qui est "souligné" et écris l'affirmation correcte sur les pointillés.

0,83 c'est 8c et 3d — VRAI / FAUX

....

0,269 c'est 2d 6c 9m — VRAI / FAUX

....

21,1 c'est une unité de plus que 21 — VRAI / FAUX

....

2,116 c'est 1d de plus que 2,106 — VRAI / FAUX

....

3,075 c'est 5d de moins que 3,575 — VRAI / FAUX

....

24. Résous.

- "Au Gourmet" Alex achète deux dents de vampire pour 0,45 euro, une poignée de pastilles pour 0,35 euro, trois lacets pour 0,40 euro et un chewing-gum pour 0,20 euro. Il paie avec une pièce de deux euros.

  Combien lui rend-on ? ....

On rend à Alex :

O $\frac{4}{5}$ euro	O 0,70 euro
O $\frac{3}{5}$ euro	O 0,60 euro
O $\frac{2}{5}$ euro	O 0,80 euro

Indique une petite croix dans les cases correctes.

Le vendeur de "Au Gourmet" rend le moins possible de pièces de monnaie à Alex.
Combien de pièces ?

Réponse : ....

Lesquelles ?

Réponse : ....

4. Lire, écrire, interpréter et utiliser les pourcentages comme opérateur (exercices 1-7) Lire, écrire, interpréter et utiliser les pourcentages comme rapport (exercices 8-14)

Synthèse

45% = $\frac{\dots}{100}$ = : 100 x ....

Certains pourcentages peuvent être simplifiés afin de faciliter le calcul.

10 % = $\frac{\dots}{100}$ = $\frac{\dots}{\dots}$ = : ....

25 % = $\frac{\dots}{100}$ = $\frac{\dots}{\dots}$ = : ....

20 % = $\frac{\dots}{100}$ = $\frac{\dots}{\dots}$ = $\frac{\dots}{\dots}$ = : ....

75 % = $\frac{\dots}{100}$ = $\frac{\dots}{\dots}$ = : .... x ....

50 % = $\frac{\dots}{100}$ = $\frac{\dots}{\dots}$ = $\frac{\dots}{\dots}$ = : ....

100 % = $\frac{\dots}{100}$ = ... = x ....

1. **La Belgique en pourcentages. Complète les % manquants !**

- Au 1er janvier 2012, la population de notre pays se composait de 49,1 % d'hommes et .... % de femmes.
- 56,7% des Belges vivaient en Flandre, 33,1% en Wallonie. Le reste, soit .... % dans l'arrondissement de Bruxelles-Capitale.
- 127 297 enfants ont vu le jour en 2009 : 51,2% étaient des garçons, ... % des filles.
- On estime qu'en 2015, vingt pour-cent de la population sera plus âgée que 65 ans ; 20% n'auront pas encore vingt ans. Quel pourcentage représentera la tranche d'âge de 20 à 64 ans ?

.... %

2. **On trouve la même étiquette textile dans le pantalon de papa et celui de son fils de douze ans.**

Coche la réponse ou les réponses correctes.

O le pantalon de papa est plus grand, il y a plus de coton.
O le pantalon de papa est plus grand, le % de coton est plus élevé.
O moins de la moitié de coton entre dans la fabrication des pantalons.
O il y a le même pourcentage de polyester dans les deux pantalons.
O dans le pantalon pour enfants, il y a 3/4 coton.

75% coton
25% polyester
40°

3. **Complète.**

10 % de 75 = ...	10 % de 8 = ...	15 % de 8 = ...
1 % de 75 = ...	1 % de 8 = ...	20 % de 125 = ...
5 % de 75 = ...	6 % de 8 = ...	10 % de 84 = ...

4. **Lis attentivement et résous. Utilise une feuille de brouillon pour les calculs si nécessaire.**

de	100	150	300	75
25 %				
50 %				
5 %				
6 %				

de	10 000	250 000	9 500 000
25 %			
50 %			
35 %			
15 %			

5. **En Belgique, on applique 6% de TVA (Taxe sur la Valeur Ajoutée) sur la plupart des produits d'alimentation et les livres, 21% sur la plupart des autres produits.**
Calcule la TVA sur les produits suivants. Utilise ta calculette. Arrondis jusqu'à deux chiffres derrière la virgule.

Produit	Prix hors TVA	6 % TVA	21 % TVA
PC portable	1019,00		
PC	849,00		
Imprimante	99,00		
Cartouches d'encre	10,80		
Livre "Aide PC"	24,30		
Livre "Comment utiliser internet ?"	17,05		

6. **Utilise ta calculette. Le centre culturel de notre ville a vendu, l'année dernière, 80 800 cartes d'entrée pour les représentations du soir.**

- 24 % des visiteurs ou .... personnes ont assisté à une représentation théâtrale.
- 40 % ou .... personnes ont assisté à un concert pop.
- 20 % ou .... personnes ont choisi un concert classique.
- 16 % ou .... personnes ont opté pour un spectacle de ballet.

Complète aussi les phrases suivantes :

Pratiquement, 1/4 des personnes ont assisté à ....

Les concerts classiques ont attiré la moitié des spectateurs d' ....

7. **Jean a acheté un livre dont le prix affiché était de 21,95 euros.
Il reçoit 15 % de remise à la caisse.
Kiara a acheté un livre de 35,25 euros mais a reçu 10 % de remise. (calculette !)**

....

- Qui a reçu le plus grand % de remise ? Réponse : ....
- Qui a fait la meilleure affaire ? Réponse : ....

Exercices complémentaires

360 enfants fréquentent cette école. Observe bien le graphique et complète ensuite les phrases.

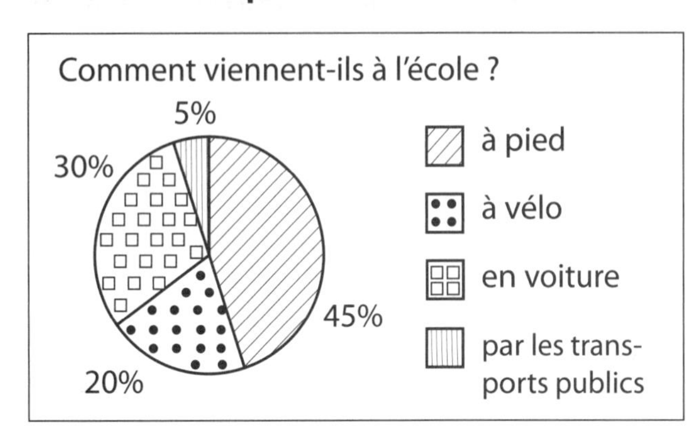

- .... % des enfants ou ...., viennent à l'école à pied.
- .... % des enfants ou ...., viennent à l'école à vélo.
- .... % des enfants ou ...., viennent en voiture.
- .... % des enfants ou ...., utilisent les transports publics.

8. **Aujourd'hui, on a dénombré 2 400 véhicules de passage sur la Grande Avenue. La police a compté 1 080 voitures, 576 poids lourds, 384 camionnettes de livraisons, 72 motos et 288 vélos. Calcule les pourcentages dans le tableau ci-dessous. (calculette !)**

Voitures	
1080	....
2400	100
.... **%**	

Poids lourds	
576	....
2400	100
.... **%**	

Camionnettes	
384	....
2400	100
.... **%**	

Motos	
72	....
2400	100
.... **%**	

Vélos	
288	....
2400	100
.... **%**	

9. **Présente autrement. La remise est de 35% à chaque fois. Calcule ce que cela représente en euros.**

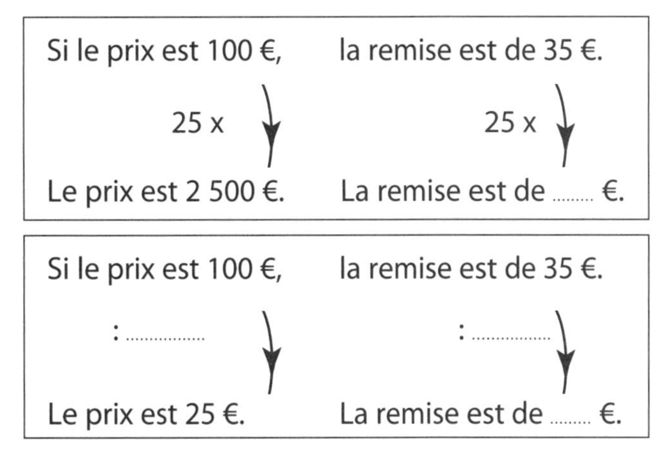

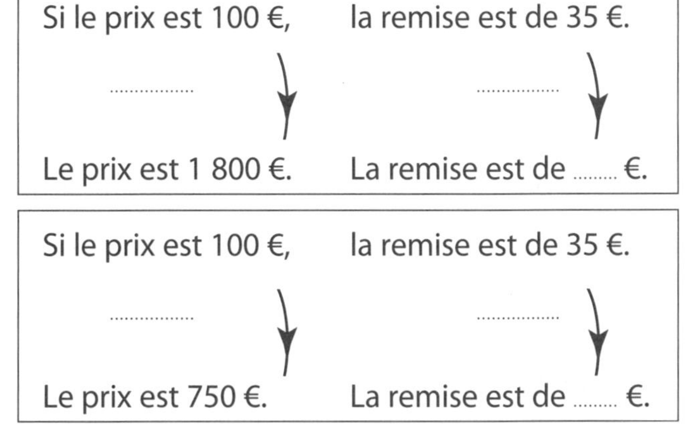

Calculer à l'envers.

- L'acheteur reçoit 25% de remise sur un téléviseur et doit payer 125 euros de moins. Quel était le prix du téléviseur ? Effectue comme dans le premier tableau !

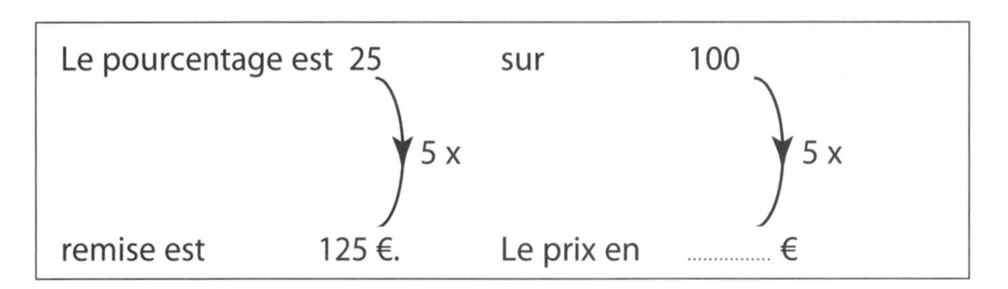

• À l'achat d'un manteau, Lucie reçoit 15 % de remise. Combien coûtait le manteau ?

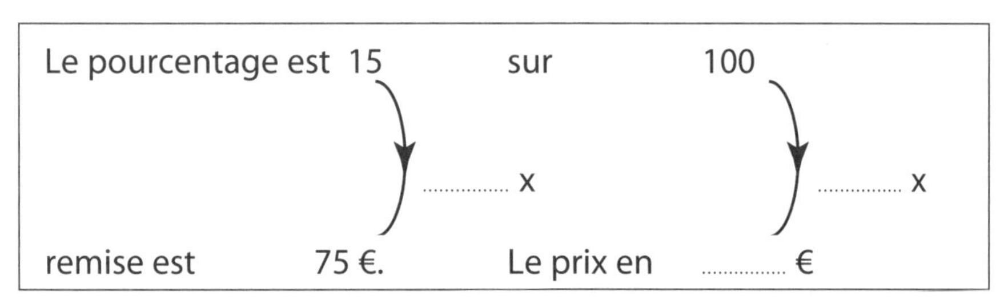

10. Tu peux aussi trouver 100 % dans le tableau.

: 20				
100 % est	....	....	....	....
5 % est	5	1	2	0,5

: 5 x 3				
100 % est	....	....	....	....
60 % est	12 000	1 200	36	54

11. Encore calculer à l'envers. Nous utilisons un tableau (utilise ta calculette si nécessaire !)

• J'ai reçu 10 % de réduction sur un MP3 en payant 90 % du prix.
J'ai donné 68 euros au vendeur.
Quel était le prix du MP3 avant la réduction ?

Réponse : le MP3 coûtait .... euros.

%	Prix
90	68
100	....

• J'ai reçu 50 % de remise sur un vieux PC. J'ai donc payé .... %.
J'ai donné 550 euros au vendeur.
Quel était le prix du PC avant la remise ?

Réponse : le PC coûtait .... euros.

%	Prix
....	550
100	....

• Chez le disquaire, on a vendu aujourd'hui 90 % de musique pop.
Cela représente 135 CD.
Combien de CD ont été vendus au total ?

Réponse : au total .... CD ont été vendus.

%	Nombre
....	....
....	....

• La recette du magasin de fruits représentait aujourd'hui 80 % de la recette d'hier.
Cela représentait 400 euros. Quelle est la recette d'aujourd'hui ?

Réponse : ....

%	Recette
....	....
....	....

5. Équivalence entre fractions, nombres décimaux et pourcentages

Synthèse

Complète sur la ligne des nombres.

1,5 120 % 1/5 0,1 200 %

0 — 1 →

9/12 150 % 25 % 0,3 3/2

0 — 1 →

1. **Quelle partie est hachurée ?**
Exprime-la par une fraction, un nombre décimal, un pourcentage.

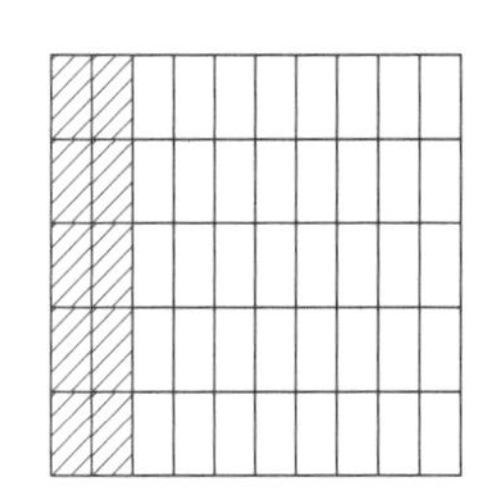 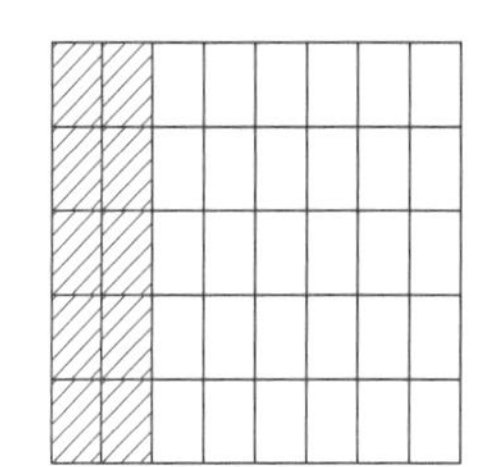 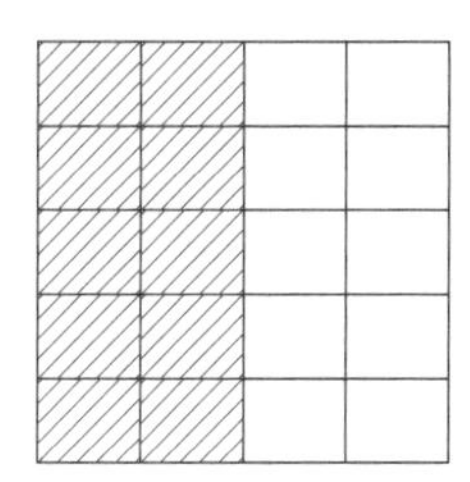

....

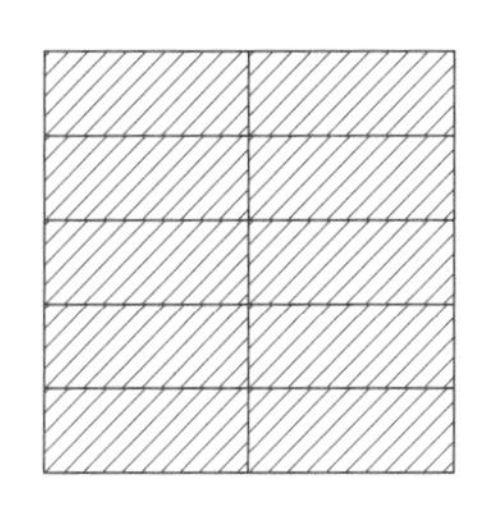 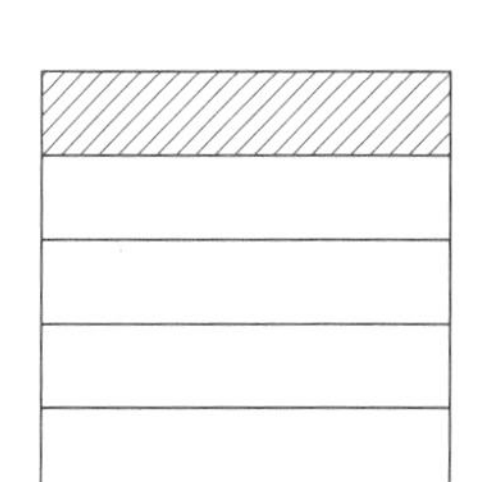 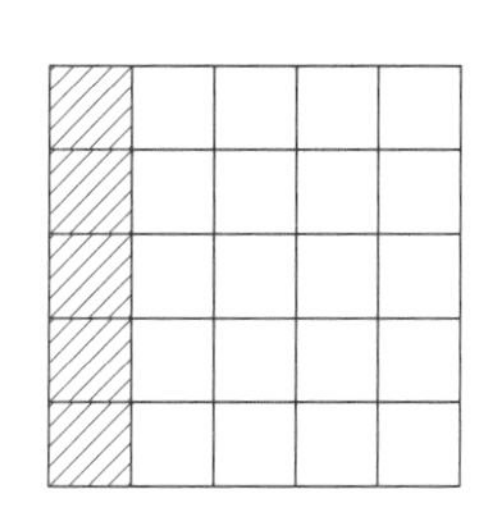

....

2. **Forme des paires de nombres équivalents en utilisant des couleurs.**

36c 36 millièmes 18/5 3,6 0,036 36%

3. **Écris un nombre décimal et un pourcentage équivalents.**

$\frac{7}{10}$ = ... = ...	$\frac{3}{8}$ = ... = ...	$\frac{6}{8}$ = ... = ...	$\frac{9}{36}$ = ... = ...
$\frac{26}{50}$ = ... = ...	$\frac{9}{12}$ = ... = ...	$\frac{15}{25}$ = ... = ...	$\frac{105}{100}$ = ... = ...

4. **Écris le nombre décimal sous forme de fraction équivalente et de pourcentage équivalent.**

1,07 = $\frac{\cdot}{\cdot}$ = ...	0,12 = $\frac{\cdot}{\cdot}$ = ...	2,50 = $\frac{\cdot}{\cdot}$ = ...	0,900 = $\frac{\cdot}{\cdot}$ = ...
0,28 = $\frac{\cdot}{\cdot}$ = ...	0,05 = $\frac{\cdot}{\cdot}$ = ...	3,60 = $\frac{\cdot}{\cdot}$ = ...	0,090 = $\frac{\cdot}{\cdot}$ = ...

Exercices complémentaires

Écris sous forme de fraction équivalente et de pourcentage équivalent.

1,1 = $\frac{\cdot}{\cdot}$ = ... %	0,005 = $\frac{\cdot}{\cdot}$ = ... %	0,10 = $\frac{\cdot}{\cdot}$ = ... %	5 = $\frac{\cdot}{\cdot}$ = ... %
0,960 = $\frac{\cdot}{\cdot}$ = ... %	0,88 = $\frac{\cdot}{\cdot}$ = ... %	0,01 = $\frac{\cdot}{\cdot}$ = ... %	1 = $\frac{\cdot}{\cdot}$ = ... %

5. Complète. Choisis parmi < = >.

12,5 % • 0,750	$\frac{7}{5}$ • 1,5	5,5 % • $\frac{1}{2}$	35 % • 0,035
0,85 • $\frac{4}{5}$	$\frac{5}{2}$ • 200 %	0,008 • 8 %	$\frac{3}{8}$ • 37,5 %

6. Dans chaque série, entoure le plus petit nombre en bleu et le plus grand nombre en vert.

1)	0,7	6/10	3/5	0,75	1/5
2)	60%	0,59	62/100	3/5	0,61

7. Effectue.

- Le match "La Louvière – Mouscron" attire 8 000 spectateurs.

  1/4 des spectateurs sont supporters de La Louvière. Cela représente .... %.

  1/5 des spectateurs sont supporters de Mouscron, soit .... %.

  Le reste des spectateurs sont des supporters neutres, soit .... %.

- Complexe sportif "Cityforme".
  Quelle partie en % est occupée par (utilise ta calculette) :

  - les terrains de football ? ....
  - la cafétéria ? ....
  - les vestiaires ? ....
  - les terrains de tennis ? ....
  - les terrains de pétanque ? ....
  - les terrains de basket ? ....
  - les terrains de volley ? ....

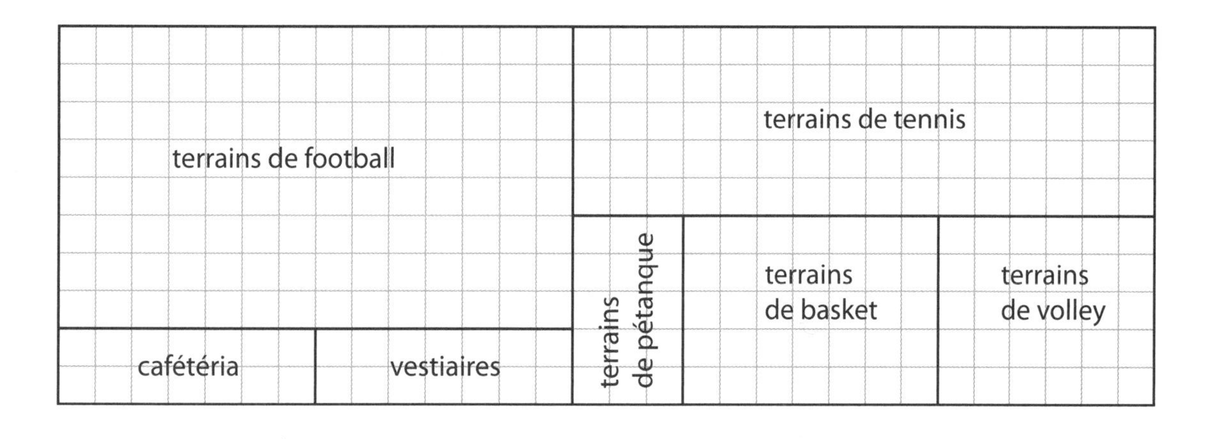

6. Les nombres négatifs

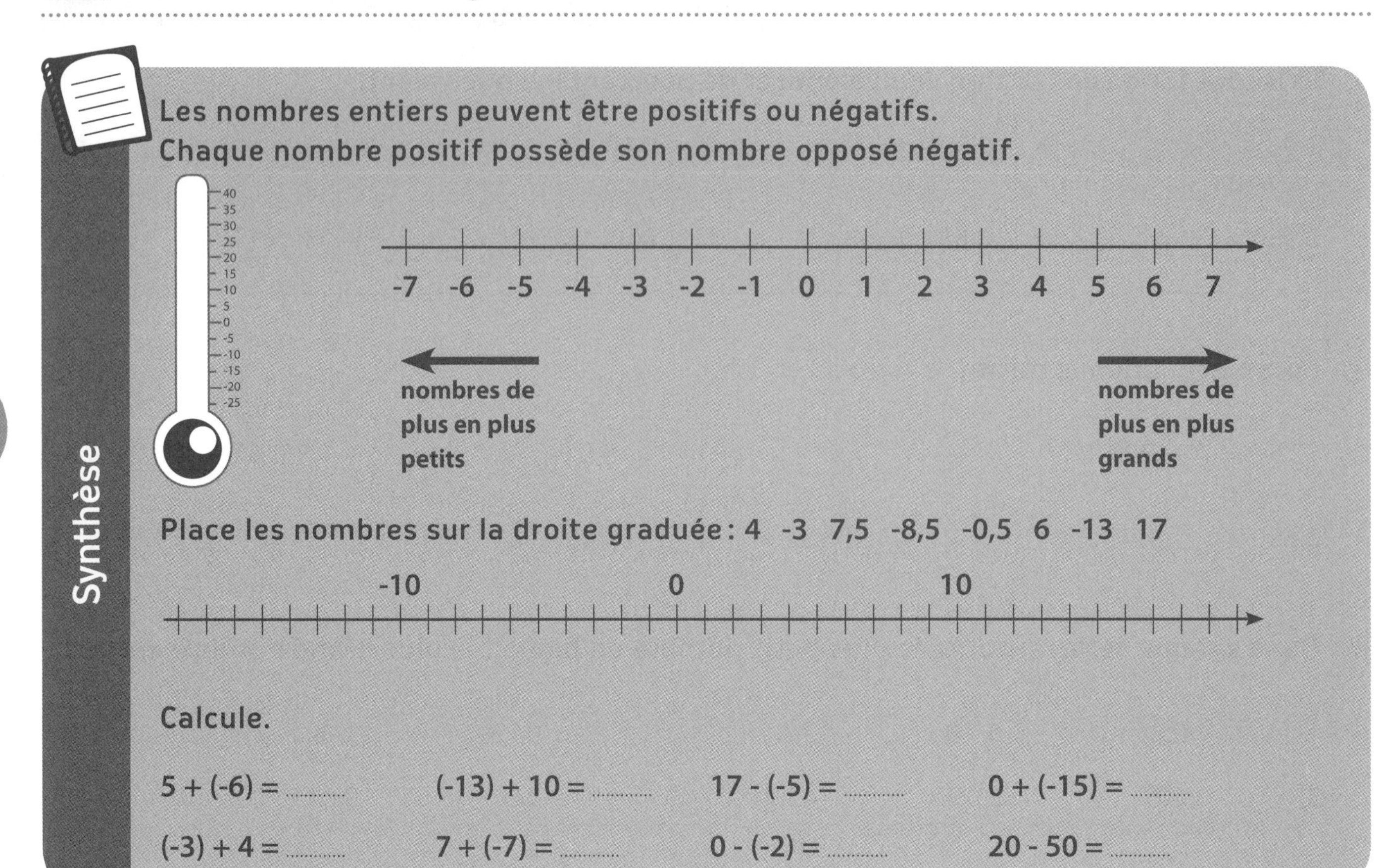

1. **Barre ce qui ne convient pas et/ou complète.**

Les habitants de la résidence "Belvédère" (Les garages sont sous-terrains et il y a un ascenseur central.)

32 René Jansens	29 Victor Jacobs	30 Michael Boelaert	31 **À LOUER**	7
28 Béatrice et Louise	25 Emilie Bera	26 Dirk Smetz	27 Vic et Louise Mols François et Suzy	6
24 Famille Potter	21 Roger Tillay	22 Philippe Hemmeryckx Nathalie et Stéphane	23 Karim Bakub Ba et Boula	5
20 Jean et Léon	17 Sally Campfort	18 **À LOUER**	19 Antonio Narro Ango - Kia - Liva	4
16 Georges et Marie Dirk - Élise et Seb	13 Gilbert et Liliane	14 Jean et Betty Florent et Nina	15 Famille Compu	3
12 Jean et Kim Slegers Caro et Kilian	9 Yves et Petra Hélène et Astrid	10 Famille Van Mol	11 Famille Piret	2
8 Mme. Astrido	5 **À VENDRE**	6 Famille Leloup	7 Michaël et Julie	1
4 Georges Vangeel	1 Éddy et Viviane Louis et Micha	2 Youri et Léa Ken et Barbara	3 Chris et Carole Martin Édith - Bob - Sam	0
Garages appartements 1 à 16				-1
Garages appartements 17 à 32				-2

- Bruno et Bernadette souhaitent louer un appartement dans la résidence "Belvédère". Ils visitent les deux appartements à louer. Combien de fois ont-ils pris l'ascenseur lorsqu'ils quittent la résidence ?

....

- Petra est la sœur de Julie. Elle va en visite avec Hélène et Astrid chez Michaël et Julie.

Elles montent / descendent de .... étage(s).

- Chris Martin travaille dans la même firme que René Janssens. Il doit prendre rendez-vous avec son camarade de travail.

  Il monte/descend de .... étages.

- Caro fait du baby-sitting chez Édith, Bob et Sam. Elle monte/descend de .... étages.

- Victor Jacobs se rend en voiture à sa maison d'édition. Il monte/descend de .... étages.

- Béatrice et Louise prennent les transports en commun pour se rendre au théâtre.

  Elles montent/descendent de .... étages.

- Karim Bakub doit se rendre chez le médecin avec sa petite fille Ba. Ils prennent le tram.

  Ils montent/descendent de .... étages.

- Gilbert et Liliane se rendent en week-end à la mer. Gilbert va d'abord chercher sa voiture dans le garage et stationne devant l'immeuble. Ensuite, il embarque les bagages dans la voiture. Ensemble, ils prennent encore une tasse de café avant de prendre la route.

  Gilbert a pris .... fois l'ascenseur.

2. Températures moyennes en janvier.

température à 8h		température à 18h
4° C	Semaine 1	2° C
-4° C	Semaine 2	-2° C
1° C	Semaine 3	-1° C
-3° C	Semaine 4	0° C

- Cherche la différence de température entre les deux moyennes.

  pour la semaine 1 ? .... °C   pour la semaine 2 ? .... °C

  pour la semaine 3 ? .... °C   pour la semaine 4 ? .... °C

- Mesures à 8h du matin.

  Différence de température entre la semaine 1 et la semaine 2 : .... °C

  Différence de température entre la semaine 1 et la semaine 3 : .... °C

  Différence de température entre la semaine 1 et la semaine 4 : .... °C

  Différence de température entre la semaine 2 et la semaine 3 : .... °C

3. À certains endroits de la planète, il fait très froid. Voici ce que tu peux lire dans les carnets de route de deux explorateurs.

Carnet de route de l'ascension de l'Éverest

Samedi, il faisait un froid glacial au sommet : -35°C avec un vent de 110 km/h.
Dimanche, il faisait aussi froid, mais lundi la température a grimpé de 7°C pendant que le vent soufflait à 60 km/h.

Carnet de route d'un explorateur polaire

Au premier jour ensoleillé, il faisait : - 49°C. C'était 8°C de plus que hier mais encore une dizaine de degrés plus froid que la température moyenne attendue en cette période à cet endroit.

- À quel endroit faisait-il le plus froid ? l'Éverest ou le Pôle Sud ? ....
- Quelle température faisait-il le lundi au sommet de l'Éverest ? ....
- Quelle température faisait-il "hier" au pôle, d'après l'explorateur ? ....

4. Notre terre.

La température la plus froide fut mesurée le 21 juillet 1983 à Vostok, au Pôle Sud : -89,2° C.
La température la plus élevée fut mesurée à l'ombre en Lybie le 13 septembre 1922 : +58°C.

Quelle différence de température entre ces deux mesures ? ....

5. Dans l'atlas.

Cette carte indique les fuseaux horaires dans le monde.

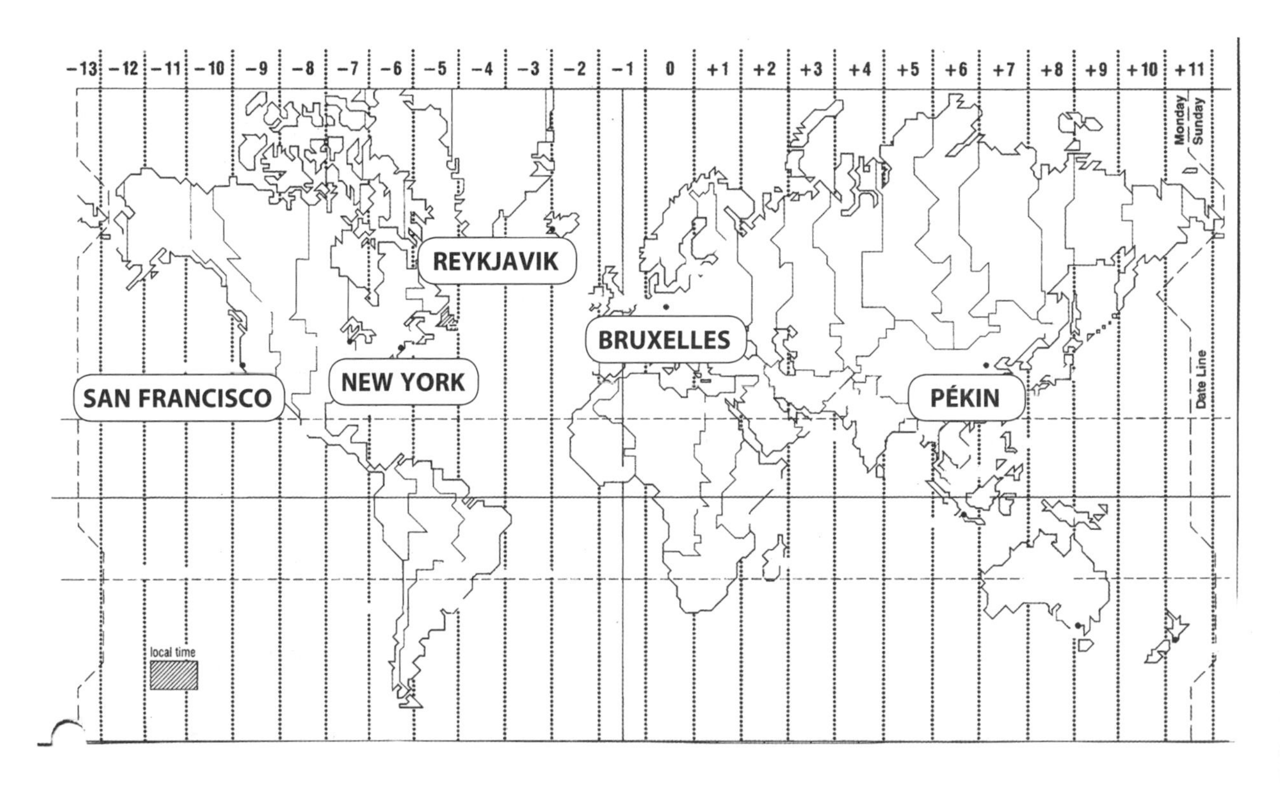

Lorsqu'il est midi à Bruxelles, quelle heure est-il à

- New York ? .... h.
- San Francisco ? .... h.
- Pékin ? .... h.
- Reykjavik ? .... h.

7. Diviseurs, diviseurs communs, p.g.c.d

Synthèse

Pour trouver le P.......... G.......... C.......... D.......... :

1. Chercher les diviseurs des nombres.
2. Entourer les diviseurs communs.
3. Trouver le plus grand des diviseurs communs.

› Très utile pour ....

Simplifie les fractions en utilisant le PGCD des deux nombres.

$\frac{55}{121} = \frac{\dots}{\dots}$ $\frac{45}{120} = \frac{\dots}{\dots}$ $\frac{270}{720} = \frac{\dots}{\dots}$ $\frac{125}{750} = \frac{\dots}{\dots}$ $\frac{192}{120} = \frac{\dots}{\dots}$

1. **Dans le tableau de 100 ci-contre, colorie**

- les .... nombres premiers < 20 (vert)
- les .... nombres premiers >20 et < 40 (bleu)

Combien de nombres premiers reste-t-il ? ....
Colorie-les. (orange)

Entoure le seul nombre premier pair.

Retiens : il existe .... nombres premiers < 100.

1	2	3	4	5	6	7	8	9	10
11	12	13	14	15	16	17	18	19	20
21	22	23	24	25	26	27	28	29	30
31	32	33	34	35	36	37	38	39	40
41	42	43	44	45	46	47	48	49	50
51	52	53	54	55	56	57	58	59	60
61	62	63	64	65	66	67	68	69	70
71	72	73	74	75	76	77	78	79	80
81	82	83	84	85	86	87	88	89	90
91	92	93	94	95	96	97	98	99	100

2. **Diviseurs et multiples.**

Écris pour chacun des nombres dix multiples successifs.
Commence chaque fois par le plus petit.

le nombre	dix multiples successifs
5	....
6	....
7	....
8	....

3. **Écris les diviseurs de chaque nombre, du plus petit au plus grand.**

le nombre	les diviseurs
10	....
12	....
18	....
40	....

4. **Contrôle si tous les diviseurs ont été donnés. Complète si nécessaire.**

le nombre	les diviseurs donnés	les diviseurs oubliés
8	1 2 4 8	....
16	1 2 4 8 16	....
35	1 5 35	....
60	2 4 5 10 20	....
200	1 2 4 5 10 20 25 50	....

5. **Entoure les diviseurs de 100. Souligne les diviseurs de 75.**

25 3 5 100 75

10 50 1 2 4

12 30 15

6. **Diviseurs communs.**

Cherche des nombres diviseurs des deux nombres donnés.

les diviseurs de 5	les diviseurs de 20
....	....
....	....
les diviseurs communs de 5 et 20	
....	

les diviseurs de 8	les diviseurs de 20
....	....
....	....
les diviseurs communs de 40 et 60	
....	

les diviseurs de 16	les diviseurs de 24
....	....
....	....
les diviseurs communs de 16 et 24	
....	

les diviseurs de 8	les diviseurs de 20
....	....
....	....
les diviseurs communs de 40 et 60	
....	

7. **Le plus grand commun diviseur p.g.c.d.**

Écris d'abord les diviseurs de chaque nombre, ensuite les diviseurs communs des deux nombres.
Écris enfin le plus grand commun diviseur des deux nombres.

les diviseurs de 12	les diviseurs de 18
....	....
les diviseurs communs de 12 et 18	
....	
le plus grand commun diviseur de 12 et 18	
....	

les diviseurs de 20	les diviseurs de 30
....	....
les diviseurs communs de 20 et 30	
....	
le plus grand commun diviseur de 20 et 30	
....	

les diviseurs de 15	les diviseurs de 90
....	....
les diviseurs communs de 15 et 90	
....	
le plus grand commun diviseur de 15 et 90	
....	

les diviseurs de 32	les diviseurs de 18
....	....
les diviseurs communs de 32 et 18	
....	
le plus grand commun diviseur de 32 et 18	
....	

les diviseurs de 15	les diviseurs de 36
....	....
les diviseurs communs de 15 et 36	
....	
le plus grand commun diviseur de 15 et 36	
....	

les diviseurs de 12	les diviseurs de 50
....	....
les diviseurs communs de 12 et 50	
....	
le plus grand commun diviseur de 12 et 50	
....	

les diviseurs de 25	les diviseurs de 100
....	....
les diviseurs communs de 25 et 100	
....	
le plus grand commun diviseur de 25 et 100	
....	

les diviseurs de 9	les diviseurs de 10
....	....
les diviseurs communs de 9 et 10	
....	
le plus grand commun diviseur de 9 et 10	
....	

les diviseurs de 18	les diviseurs de 24
....	....
les diviseurs communs de 18 et 24	
....	
le plus grand commun diviseur de 18 et 24	
....	

les diviseurs de 80	les diviseurs de 8
....	....
les diviseurs communs de 80 et 8	
....	
le plus grand commun diviseur de 80 et 8	
....	

8. **Un labyrinthe.**

Va de 12 à 120 en passant uniquement par des nombres divisibles par 3 et 4.

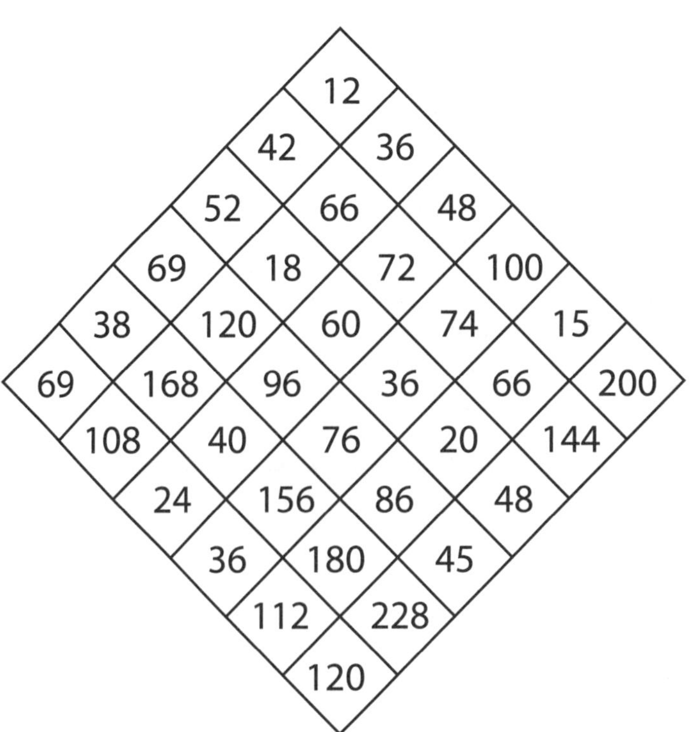

8. Les caractères de divisibilité par 2, 4, 5, 10, 25, 100 et 1 000

Synthèse

Les caractères de divisibilité permettent d'utiliser un raccourci afin de savoir sans calculer si le nombre est divisible ou non par certains autres nombres.

Regarder le dernier chiffre du nombre (F)	Regarder les deux derniers chiffres du nombre (EF)
Div par 2 → F = 0,2,4,6,8 Div par 5 → F = 0,5 Div par 10 → F = 0	Div par 4 → EF = 00, 04, 08, 12, 16, 20, 24, 28, … 92, 96 Div par 25 → EF = 00, 25, 50, 75 Div par 100 → EF = 00
Regarder les trois derniers chiffres du nombre (DEF)	
Div par 8 → DEF = 000, 008, 016, 024, 032, 040, 048, 056, 064, 072, 080, 088, 096, 104, 112, .., 880, 888, 896, 904, …992 Div par 125 → DEF = 000, 125, 250, 375, 500, 625, 750, 875 Div par 250 → DEF = 000, 250, 500, 750 Div par 500 → DEF = 000, 500 Div par 1000 → DEF = 000	

1. Souligne les nombres divisibles.

par 2	→	589	13 190	7000	841 602
par 4	→	3 628	60 000	4120	876
par 10	→	6 840	89 735	152 000	89
par 100	→	14 000	780	82 005	143 800
par 1000	→	14 000	870	83 500	100 000
par 5	→	6350	745	14 000	873
par 25	→	645	800 000	3770	450
par 2 et 4	→	3822	620	14 000	78 636
par 10 et 1000	→	740	96 000	43 022	100 700
par 2 et 10	→	598	91 740	70 000	24 876
par 5 et 25	→	872	14 750	345	75

2. Écris un chiffre sur chaque point afin que le nombre soit divisible par :

2	→	1 3 9 .	6 . 1 .	4 5 6 3 .	100	→	1 9 . .	3 2 5 . .	1 . 2 . .
5	→	1 3 9 .	6 . 15	4 5 6 3 .	1000	→	6 . 0 .	1 4 . . .	3 0 . .
4	→	1 3 9 .	6 . 1 .	4 5 6 3 .	25	→	3 9 8 . 5	8 7 .	2 . 0

3. Écris les nombres sur les lignes adéquates.

17 530, 19 000, 6800, 76, 650, 1375, 1 500 000, 128, 974, 435

divisible par 2 → ....

divisible par 4 → ....

divisible par 5 → ....

divisible par 25 → ...

divisible par 10 → ...

divisible par 1000 → ...

4. Détermine le reste sans faire la division.

14 177 :	4	r ...		14 725 :	100	r ...
3901 :	2	r ...		302 100 :	1000	r ...
74 326 :	10	r ...		7380 :	25	r ...
362 :	5	r ...		76 :	5	r ...
978 :	100	r ...		9743 :	4	r ...
6502 :	1000	r ...		83 065 :	2	r ...
6168 :	25	r ...		6003 :	4	r ...
21 430 :	100	r ...		9079 :	2	r ...
888 :	4	r ...		74 381 :	25	r ...
41 555 :	2	r ...		637 :	5	r ...

5. Indique une croix dans la colonne adéquate.

	VRAI	FAUX
Tous les nombres qui sont divisibles par 25 sont aussi divisibles par 5.		
Tous les nombres qui sont divisibles par 100 sont aussi divisibles par 1 000.		
160 est divisible par 5,25 et 10.		
Certains nombres divisibles par 10 sont également divisibles par 1 000.		
Lorsqu'un nombre est divisible par 2 et par 5, alors ce nombre est aussi divisible par 10.		

6. Résous.

- Écris cinq nombres entre 4 100 et 5 000 à la fois divisibles par 5, 10 et 25.

  ...

- Lors d'une division par 25, le reste n'est jamais plus que ...
- Un nombre est divisible par 10,100 et 1 000 lorsqu' ...

  ...

- Écris un nombre de quatre chiffres divisible à la fois par 2, 4, 25 et 100.

  ...

- Arrondis le nombre 1 479 au nombre le plus proche divisible par :

2 → ... ou ...

4 → ...

5 → ...

25 → ...

10 → ...

100 → ...

1000 → ...

9. Utiliser les caractères de divisibilité par 3 et 9 pour déterminer le reste

Synthèse

1) Additionner tous les chiffres du nombre : A + B + C + D + E + F
2) Le résultat est divisible par 3 ou par 9
Petite astuce : Tu peux regrouper et éliminer les chiffres dont la somme fait 3 ou 9.

1. **Examine la divisibilité par 3 des nombres suivants.**

nombre	le reste lors d'une division par 3	la somme des chiffres du nombre	le reste lors de la division par 3 de la somme des chiffres du nombre
Exemples :			
94	1	9 + 4 = 13 ➔ 4	4 : 3 = 1, reste 1
1034	2	8	8 : 3 = 2, reste 2
99 104	2	23 ➔ 5	5 : 3 = 1, reste 2
108 999	0	36 ➔ 9 ou 0	9 : 3 = 3, reste 0
À toi avec les nombres suivants.			
8021			
49 388			
27 405			
810 000			
801 000			
800 010			

- Quels nombres du tableau ci-dessus sont divisibles par 3 ?

....

- La somme des chiffres d'un nombre divisée par 3 donne le même reste que le nombre divisé par 3.
oui **non** (barre ce qui ne convient pas)

2. **Examine la divisibilité par 3 des nombres suivants.**

nombre	le reste lors d'une division par 9	la somme des chiffres du nombre	le reste lors de la division par 9 de la somme des chiffres du nombre
Exemples :			
194	5	1 + 9 + 4 = 14 ➔ 5	5 : 9 = 0, reste 5
1234	1	10 ➔ 1	10 : 9 = 1, reste 1
99 999	0	45 ➔ 9 ou 0	9 : 9 = 1, reste 0
702 998	8	35 ➔ 8	8 : 9 = 0, reste 8
À toi avec les nombres suivants.			
80 219			
70 408			
27 410			
1 870 009			
351 000			
350 001			

- Quels sont les nombres du tableau ci-dessus divisibles par 3 ?

....

- Quels sont les nombres du tableau ci-dessus divisibles par 9 ?

....

- Quels sont les nombres du tableau ci-dessus divisibles par 3 et 9 ?

....

- Le reste trouvé lors de la division du nombre par 9 est-il le même que lors de la division par 9 de la somme des chiffres du nombre ? **oui** **non** (barre ce qui ne convient pas)

3. **Entoure les nombres divisibles par 3.**

33 98 10 000 100 002 6

255 90 000 87 144 1 999 875

4. **Détermine le reste de ces divisions par 3.**

37 : 3 ➜ le reste est .... 101 001 : 3 ➜ le reste est .... 236 : 3 ➜ le reste est ....
88 : 3 ➜ le reste est .... 555 000 : 3 ➜ le reste est .... 632 : 3 ➜ le reste est ....
777 : 3 ➜ le reste est .... 8002 : 3 ➜ le reste est .... 362 : 3 ➜ le reste est ....
706 : 3 ➜ le reste est .... 4008 : 3 ➜ le reste est .... 623 : 3 ➜ le reste est ....

Quels sont les nombres de cet exercice divisibles par 3 ?

....

5. **Indique une croix dans la colonne adéquate.**

	VRAI	FAUX
Tu peux diviser 684 € de façon égale entre trois enfants.		
Tous les nombres se terminant par 3 sont divisibles par 3.		
Tous les nombres se terminant par 0 sont divisibles par 3.		
Tous les nombres divisibles par 3 sont aussi divisibles par 1.		
Un nombre est divisible par 3 lorsque la somme des chiffres de ce nombre est divisible par 3.		

6. **Entoure les nombres divisibles par 9.**
Souligne les nombres divisibles par 3.

333 1982 12 000 9 106 002

20 557 990 000 80 037 80 144 9 999 801

7. **Détermine le reste de ces divisions par 9.**

347 : 9 ➜ le reste est .... 901 009 : 9 ➜ le reste est .... 36 : 9 ➜ le reste est ....
888 : 9 ➜ le reste est .... 991 000 : 9 ➜ le reste est .... 632 : 9 ➜ le reste est ....
70 705 : 9 ➜ le reste est .... 88 002 : 9 ➜ le reste est .... 36 002 : 9 ➜ le reste est ....
7066 : 9 ➜ le reste est .... 4308 : 9 ➜ le reste est .... 62 343 : 9 ➜ le reste est ....

Quels sont les nombres de cet exercice divisibles par 3 ?

....

Quels sont les nombres de cet exercice divisibles par 9 ?

....

Quels sont les nombres de cet exercice divisibles par 3 et 9 ?

....

8. **Indique une croix dans la colonne adéquate.**

	VRAI	FAUX
On peut partager de façon égale un gain de 9 684 € au Lotto entre 9 personnes.		
804 016 : 9 a comme reste 8.		
Tous les nombres se terminant par 9 sont divisibles par 9.		
Tous les nombres se terminant par 3 sont divisibles par 3 et 9.		
Tous les nombres divisibles par 9 sont aussi divisibles par 3.		
90 est divisible par 9 et 10.		
À l'aide des chiffres 2,3 et 4 tu peux former plusieurs nombres différents divisibles par 9.		
Un nombre est divisible par 9 lorsque la somme des chiffres de ce nombre est divisible par 9.		

9. **Le montant de la cagnotte du Lotto s'élève à 238 292 euros. Cette somme est partagée entre neuf gagnants.**

Noël est le participant le plus futé. Il sait immédiatement combien d'euros il restera après un partage égal. Le sais-tu aussi ?

Écris-le ci-dessous.

....

....

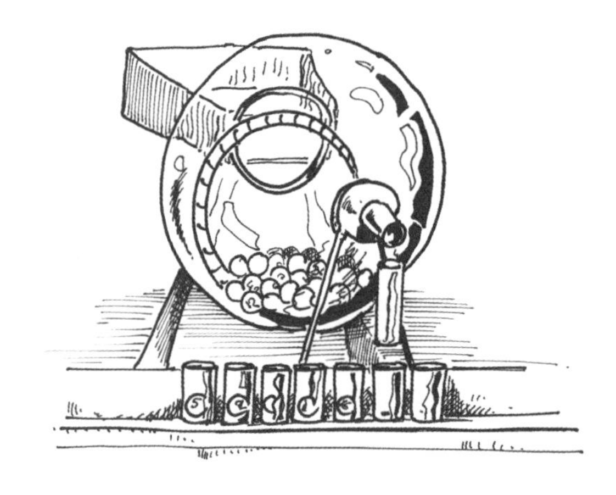

Synthèse

10. **La preuve par 9 et les opérations. Regarde !**

```
  6621 → (15) →   6
+  987 → (24) → + 6
                (12) → 3
  7608 → (21) →   3
```

```
  9024 → (15) →   6
-  317 → (11) → - 2
                  4
  8707 → (22) →   4
```

```
4060 | 5          D → 10
40   |----        d → 5
 06  | 812        r → 0
  5               D : d → 10 : 5 = 2, reste 0
  10              quotient : (812) → (11) → 2
  10
   0
```

```
  812 → (11) →    2
  x 5 →  (5) →  x 5
                (10) → 1
 4060 → (10) →    1
```

11. **Fais la preuve par 9 pour ces opérations sur une feuille séparée.**

8765 + 228

922 x 34

10 038 – 8555

9312 : 24

10. Multiples, multiples communs, p.p.c.m.

Synthèse

Pour trouver le P.................... P.................... C.................... M ....:

1. Chercher les multiples des nombres
2. Entourer les multiples communs.
3. Trouver le plus petit des multiples communs (sauf 0)

> Très utile pour ....

25	80 ....
15	120 ....

1. Écris chaque fois les huit plus petits multiples successifs.

8	0	....	....	....	....	....	....	....
9	....	....	....	....	....	....	....	....
15	....	....	....	....	....	....	....	....
75	....	....	....	....	....	....	....	....

2. Complète.

- 54 = 9 x 6.

  54 est un multiple de .... et ....

  cinq autres multiples de 9 sont : ....

  6 et 9 sont .... de 54.

  54 est un .... de 6 et 9.
- 630 c'est neuf fois .... et sept fois ....
- Écris deux multiples de 12 > 30 et < 50 : .... et ....

3. Écris pour chaque nombre les six plus petits multiples.

Souligne ensuite les multiples communs.
Entoure le plus petit commun multiple autre que zéro.

- 10 ....
  15 ....
- 40 ....
  60 ....
- 90 ....
  180 ....
- 120 ....
  150 ....

4. **Écris le p.p.c.m. de :**

2 et 3	30 et 50	30 et 60	700 et 210 ....
3 et 4	40 et 60	60 et 80	90 et 120 ....

5. **Calcule le p.p.c.m.. Tu peux choisir ta manière de faire !**

8 et 120	125 et 500	15 et 200	14 et 210 ....
14 et 350	27 et 360	24 et 64	160 et 24 ....

6. **Réduis les fractions au même dénominateur. Le dénominateur doit être à chaque fois le p.p.c.m. des dénominateurs donnés.**

$\frac{1}{2}$ et $\frac{1}{7}$ → $\frac{\cdot}{\cdot}$ et $\frac{\cdot}{\cdot}$	$\frac{3}{4}$ et $\frac{5}{6}$ → $\frac{\cdot}{\cdot}$ et $\frac{\cdot}{\cdot}$	$\frac{7}{8}$ et $\frac{3}{4}$ → $\frac{\cdot}{\cdot}$ et $\frac{\cdot}{\cdot}$
$\frac{1}{2}$ et $\frac{3}{4}$ → $\frac{\cdot}{\cdot}$ et $\frac{\cdot}{\cdot}$	$\frac{2}{5}$ et $\frac{5}{6}$ → $\frac{\cdot}{\cdot}$ et $\frac{\cdot}{\cdot}$	$\frac{1}{6}$ et $\frac{5}{8}$ → $\frac{\cdot}{\cdot}$ et $\frac{\cdot}{\cdot}$

7. **Vrai ou faux ?**

	VRAI	FAUX
Tous les multiples de 70 sont aussi multiples de 5.		
640 c'est huit fois huit.		
Tous les multiples de 60 sont aussi multiples de 30.		
Le triple de 90 est plus grand que six fois 60.		
Le p.p.c.m. de 3 et 6 est 9.		
Le p.p.c.m. de 1 et 10 est 100.		
Sept fois zéro est égal à sept.		
Trois est le p.p.c.m. de 1 et 2.		
Le p.g.c.d. de 30 et 40 est 10.		
Le p.p.c.m. de 30 et 40 est 120.		

8. **Complète.**

Les multiples communs de 6 et 8 < 50 sont : ....

Le p.p.c.m. de 6 et 8 est ....

Le p.g.c.d. de 20 et 25 est .... Le p.p.c.m. de 20 et 25 est ....

9. **Aujourd'hui dimanche, Kim et Justine vont jouer au tennis.**

Kim joue tous les quatre jours et Justine tous les six jours.
Quel jour se rencontreront-elles à nouveau sur le court ?

....

Réponse : ....

11. Les chiffres romains

Synthèse

Associer les chiffres romains pour former des nombres :

- Par addition : Une lettre placée à la droite d'une autre d'une valeur égale ou supérieure, s'additionnera à celle-ci → VI = ...
- Par soustraction : Une lettre placée immédiatement à la gauche d'une lettre plus grande qu'elle, indique que le nombre doit être soustrait du nombre qui suit. → XI = ...

La même lettre ne peut pas être employée quatre fois consécutivement sauf M.

Écris la valeur des nombres romains.		À toi maintenant !	
III = 3	L = 50	MCM = ...	MMVI = ...
IV = 4	D = 500	XL = ...	MDC = ...
C = 100	M = 1000	LX = ...	CIX = ...
X = 10	CM = 900	VIII = ...	CD = ...

1. **Pendant longtemps, on a utilisé les chiffres romains sur les bâtiments et pierres tombales. Quelle année lis-tu ?**

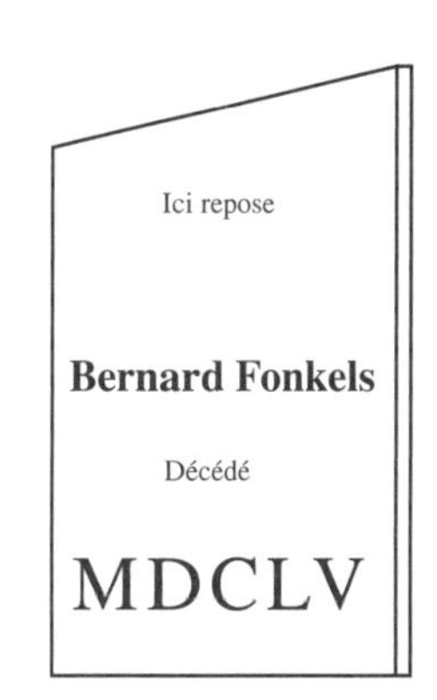

....

2. **Vous connaissez déjà les chiffres romains ! Complète la légende et résous ensuite les exercices.**

Légende	Combien est-ce ?	Écris en chiffres romains.
M = ...	MMIV = ...	115 = ...
D = ...	XL = ...	1950 = ...
C = ...	XCVI = ...	44 = ...
L = ...	DCCXCIX = ...	96 = ...
X = ...	CCCLXXX = ...	199 = ...
V = ...		
I = ...		

3. **Écris en chiffres romains.**

50 est ....

49 est ....

200 est ....

75 est ....

900 est ....

350 est ....

600 est ....

1500 est ....

2006 est ....

1999 est ....

4. **On n'a pas toujours écrit les chiffres romains de la même manière. Voici l'horloge de la cathédrale d'Anvers. Que remarques-tu ?**

....

....

5. **Calculer à l'aide de chiffres romains...**
Pour chaque exercice, déplace un trait afin que l'exercice soit correct.

I — III = I

V + VI = IX

VIII — IV = XI

VI — III = VIII

12. Indiquer par des exemples concrets l'existence d'autres systèmes de comptage

1. Cocher - travailler en structure "cinq" ! Combien est-ce ?

𝍸 = ...	𝍸𝍸𝍸𝍸 𝍸𝍸𝍸𝍸	Représente toi-même en cochant.
𝍸 | = ...	𝍸𝍸 || = ...	
		9 = ...
𝍸𝍸	𝍸 || = ...	
𝍸 |||| = ...		13 = ...
	𝍸𝍸𝍸𝍸	
𝍸𝍸 ||| = ...	𝍸 |||| = ...	21 = ...

2. Un petit jeu.
Observe attentivement la légende du système de comptage de l'Égypte ancienne.
Remarque que leur manière d'écrire est différente de la nôtre. Ils additionnent la valeur des symboles.
Résous les exercices.

Légende	**Combien est-ce ?**		**Écris toi-même maintenant.**
| = 1	|| Π = ...	Π Π ◊ ◊ = ...	13 = ...
Π = 10	Π Π Π = ...	|||| Π ◊ = ...	103 = ...
◊ = 100	| ◊ = ...	Π ◊ ◊ ◊ = ...	40 = ...
	| Π ◊ = ...	||||| Π = ...	6 = ...

3. Notre mesure du temps est également particulière ! Résous.

- un quart d'heure, c'est .... minutes.
- un quart d'heure, c'est .... secondes.
- dix minutes, c'est .... secondes.
- deux heures, c'est .... minutes.
- une heure, c'est .... secondes.
- 70 minutes, c'est .... heure(s) et .... min.
- une minute et demi, c'est .... secondes.
- 30 secondes, c'est .... minute(s).
- une demi-heure, c'est .... minutes.
- 1800 secondes, c'est .... minutes.
- 1800 secondes, c'est .... heure(s).

- un jour, c'est .... heures.
- 12 heures, c'est .... jour.
- dormir huit heures, c'est dormir $\frac{\cdot}{\cdot}$ du jour.
- il y a .... jours dans quatre semaines.
- 731 jours, c'est .... années dont .... année(s) bissextile(s).
- 12 trimestres, c'est .... années.
- combien de mois dans trois trimestres ? ....
- combien de jours dans un semestre ? ....
- quatre siècles, c'est .... années.
- dix siècles forment un ....

13. Ordre, régularité, modèles et structures entre et parmi les nombres

1. **Achève les lignes de nombres.**

3	6	12	24	....	....	....
8,2	8,4	8,6	8,8	....	....	....
12 750	12 550	12 350	12 150	....	....	....
15	15	30	30	....	....	....
8	24	12	36	....	....	....
120	125	250	255	510	....	....
32,8	34,8	35	37	37,2	....	....
2	2	4	6	10	....	....

2. **Découvre d'abord le rapport entre les nombres et écris ensuite le nombre suivant sur les pointillés.**

1200	600	200	....
925	930	925	....
0,75	1,25	1,75	....
125	250	375	....
1850	1740	1630	....

3. **Complète sur les pointillés.**

900	....	700	....	500
76	....	84	88	....
18,50	18,75	19	....	19,5
20 000	4000	....	160	
80	8	....	0,08	

4. **Observe les carrés complétés par ligne et découvre le "secret". Complète ensuite le carré suivant.**

1	3	2	9	4	27	....	....
2	4	4	12	8	36	....	....

1000	120	200	60	40	30	....	....
500	80	100	40	20	20	....	....

5. **Un écureuil fait provision de noisettes et les emporte dans son abri. Chaque jour, sa réserve grossit. S'il continue son manège, à quoi ressemblera sa pile de noisettes dimanche ?**

○	○○○	○○○○○○				
lundi 1	mardi 3	mercredi 6	jeudi	vendredi	samedi	dimanche ....

+ 2　　+ 3　　+ ....　　+ ....　　+ ....　　+ ....

6. **Cherche parmi les modèles suivants les séries de chiffres.**

+ 20	+ 30	....	....	....	....	....	....
– 8	+ 6	....	....	....	....	....	....
x 3	x 2	....	....	....	....	....	....
: 2	+ 2	....	....	....	....	....	....

7. **Cherche la régularité dans les différentes rangées. Réalise toi-même une rangée de cinq nombres dont la fin est indiquée avec la même régularité que dans l'exemple.**

45　40　30　25　15　Modèle : ....

....　....................　....................　....................　145

3　4　7　12　19　Modèle : ....

....　....................　....................　....................　50

5　7　6　8　7　Modèle : ....

....　....................　....................　....................　30

14. Lire, interpréter et rédiger différentes indications de quantité

1. **Observe ce diagramme et réponds aux questions.**
Les nombres ont été arrondis.

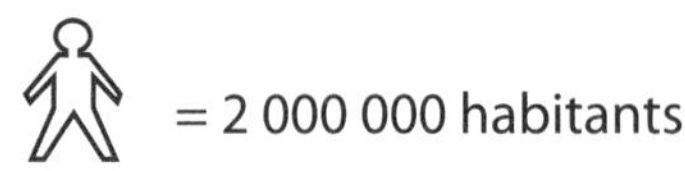

= 2 000 000 habitants

Biélorussie

Espagne

Roumanie

Tunisie

France

Complète :

La Biélorussie compte environ .... habitants.

L' Espagne compte largement .... habitants.

La Roumanie compte presque .... habitants.

La Tunisie compte à peu près .... habitants.

La France compte à peu près .... habitants.

2. **Transfère les données de l'exercice 1 dans le diagramme ci-dessous.**

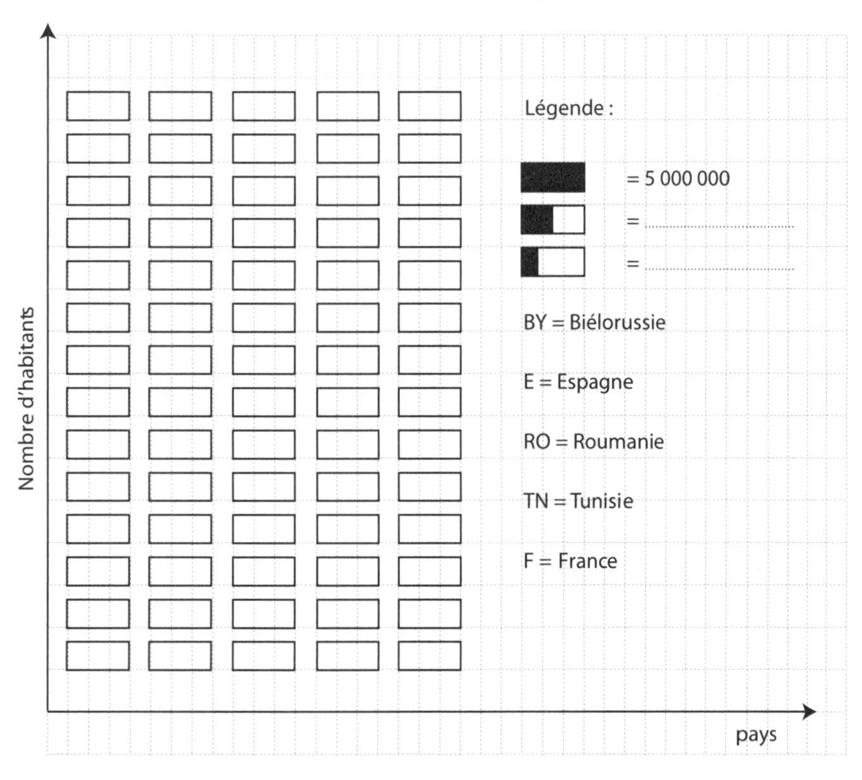

3. **a) Observe attentivement ce diagramme et réponds ensuite aux questions.**

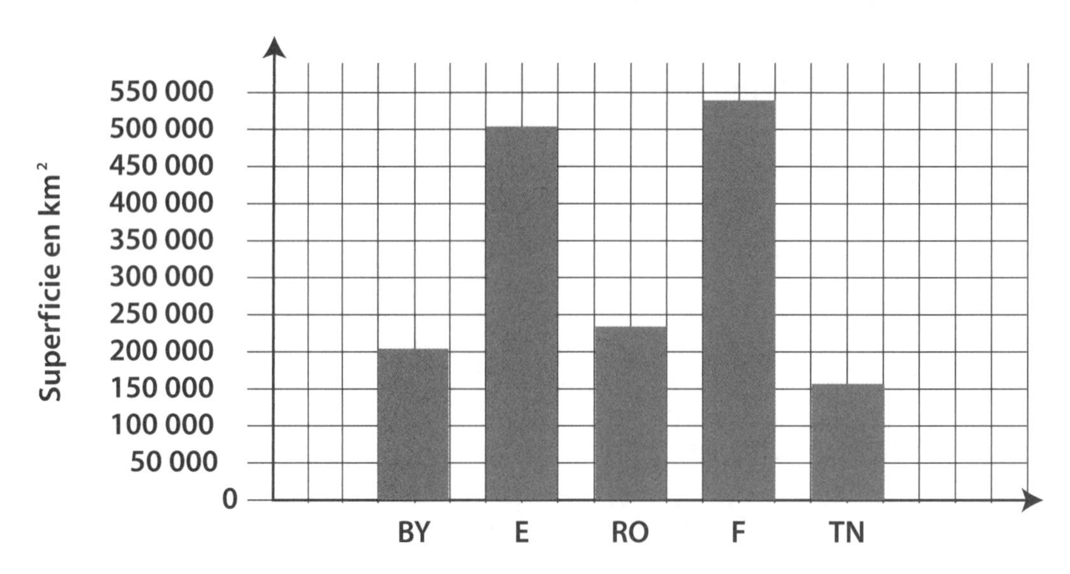

Le plus grand pays en superficie est ....

Le plus petit pays en superficie est ....

La superficie de la Tunisie est de plus de .... km².

La superficie de l'Espagne est à peu près le triple de la superficie de ....

b) Compare les deux tableaux des nos 2 et 3 et réponds ensuite par oui ou non.

- Le plus grand pays en superficie est aussi le pays le plus peuplé. ....
- La densité de population d'un pays s'exprime en habitants par km². ....
- L'un de ces pays a-t-il une densité de population plus élevée que celle de la Belgique ?

  Cherche sur internet ! ....

4. **Le chargement d'un bateau se compose de la manière suivante : 50 % de bananes, 25 % d'oranges, 12,5 % de citrons et 12,5 % de kiwis. Transfère ces données dans le diagramme circulaire. Invente toi-même une légende adéquate !**

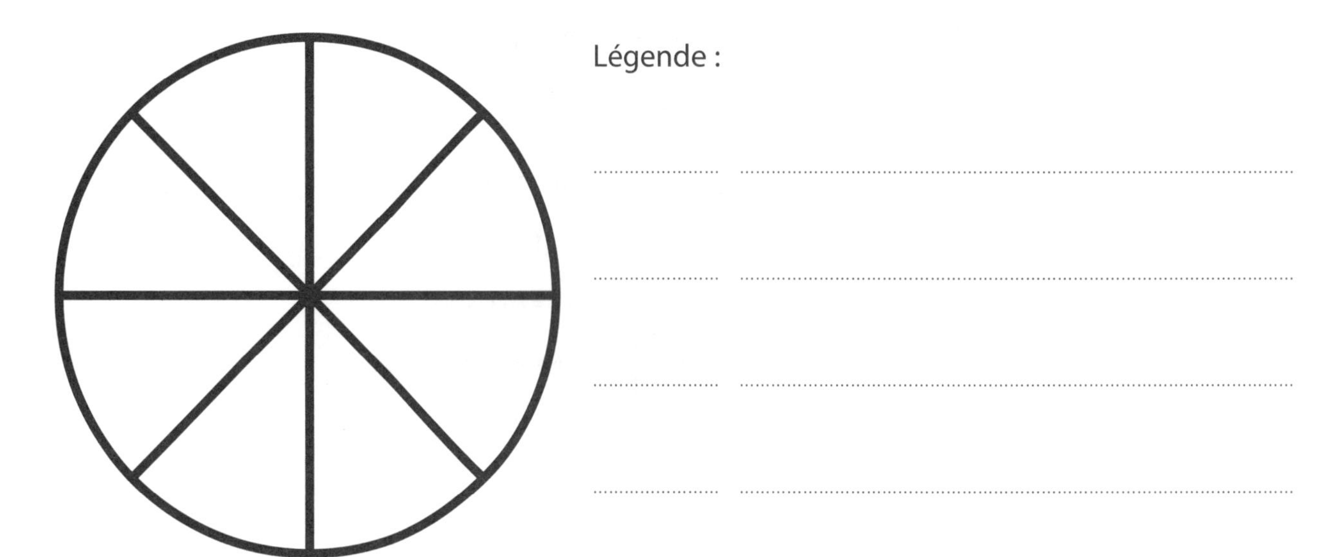

5. **Voici un diagramme concernant la température en Belgique en 2011.**
Complète :

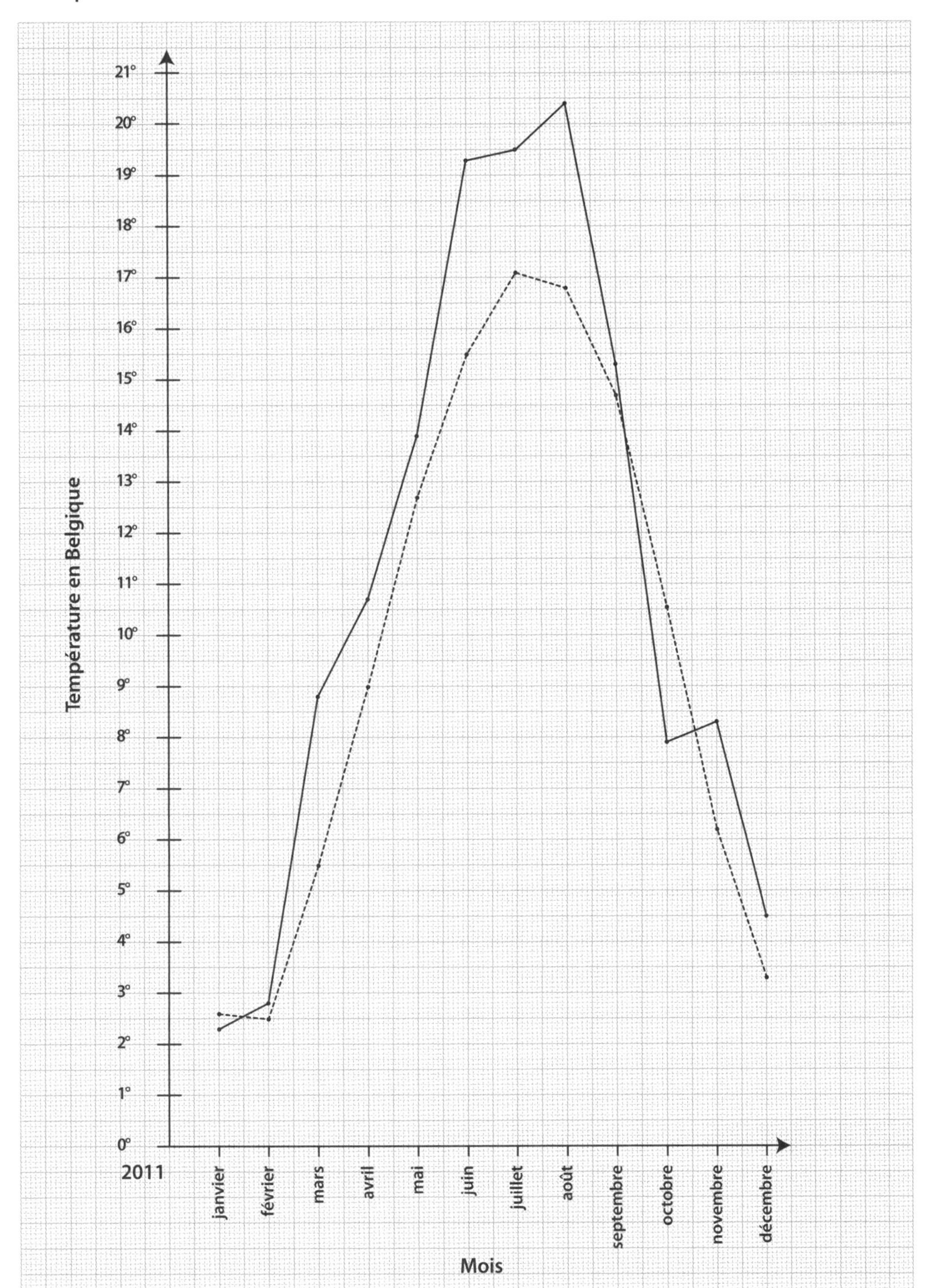

Moyennes concernant la période 1901-1979 (79 ans) (ligne pointillée)

- Le mois avec la température moyenne la plus froide est ....
- Le mois avec la température moyenne la plus élevée est ....
- Le graphique (ligne pointillée) donne la température mensuelle moyenne des années 1901 à1979 !
- Calcule la température moyenne des 12 mois. ....

6. **Établis toi-même, à l'aide des données suivantes, un diagramme linéaire dans le diagramme de l'exercice précédent.**
Utilise la couleur verte pour les températures de l'année 2002.
janvier 4,6° – février 7,1° – mars 7,8° – avril 9,9° – mai 13,6° – juin 17,1° – juillet 17,8° – août 18,6° – septembre 14,7° – octobre 10,5° – novembre 8,6° – décembre 4,4°

7. **Lis le tableau des distances. Cherche aussi les différentes villes dans ton atlas !**

	Amsterdam	Athènes	Belgrade	Berlin	Berne	Bruxelles	Budapest	Francfort	Helsinki	Copenhague	Lisbonne	Londres	Madrid
Amsterdam	-	3122	1918	686	852	210	1476	436	1780	929	2408	197	1780
Athènes	3122	-	1204	2546	2337	3063	1646	2481	3428	3270	4484	3267	3832
Belgrade	1918	1204	-	1342	1653	1859	442	1427	2224	1786	3797	2058	3358
Berlin	686	2546	1342	-	974	817	900	528	1421	724	3357	871	2366
Berne	852	2337	1653	974	-	672	1117	457	2544	1344	2383	759	1731
Bruxelles	210	3063	1859	817	672	-	1417	382	2238	1078	2198	220	1572
Budapest	1476	1646	442	900	1117	1417	-	985	1782	1344	3475	1796	2823
Francfort	436	2481	1427	528	457	382	985	-	2175	958	2503	602	1851
Helsinki	1780	3428	2224	1421	2544	2238	1782	2175	-	892	4927	2492	4228
Copenhague	929	3270	1786	724	1344	1078	1344	958	892	-	3281	2113	2641
Lisbonne	2408	4484	3797	3357	2383	2198	3475	2503	4927	3281	-	2287	652
Londres	197	3267	2058	871	759	220	1796	602	2492	2113	2287	-	1635
Madrid	1780	3832	3358	2366	1731	1272	2823	1851	4228	2641	652	1635	-

La distance entre :

- Amsterdam et Berne est de .... km.
- Francfort et Londres est de .... km.
- Copenhague et Berlin est de .... km.
- Bruxelles et Athènes est de .... km.
- Quelles sont, parmi les villes ci-dessus, les 2 les plus éloignées l'une de l'autre ? .... et ....
- Quelle est, parmi les villes ci-dessus, la plus proche de Bruxelles ? ....
- Pourquoi y a-t-il des "-" dans le tableau ? ....

8. **Voici un horaire "bus". Observe-le bien et réponds ensuite aux questions !**

25 Hôpital – Grand Place

HEURE	JOURS DE SEMAINE	SAMEDI	DIMANCHE-JOURS FÉRIÉS
Heure	Minutes	Minutes	Minutes
5			
6	30 43	30 55	
7	00 20 40	25 55	05 35
8	00 20 40	30	05 35
9	00 20 40	00 30	05 35
10	00 20 40	00 20 40	05 35
11	00 20 40	00 20 40	05 35
12	00 20 40	00 20 40	05 35
13	00 20 40	00 20 40	05 35
14	00 20 40	00 20 40	05 35
15	00 20 40	00 20 40	05 35
16	00 20 40	00 20 40	05 35
17	00 20 40	00 20 40	05 35
18	00 20 40	00 20 40	05 35
19	00 20 40	00 20 40	05 35
20	05 35	05 35	05 35
21	05 35	05 35	05 35
22	05 35	05 35	05 35
23	05 35	05 35 55	04 55
0			

- Un jeudi, Michel rend visite à sa grand-mère au CHU. Il quitte l'hôpital à 14h05. À quelle heure prendra-t-il le premier bus venu ?

  à .... h ....

- Un dimanche, le médecin de garde est appelé d'urgence pour une opération. Il prend un taxi pour arriver à l'heure. Il travaille jusqu'à 10h50 et quitte l'hôpital cinq minutes plus tard. À quelle heure arrive son premier bus ?

  à .... h ....

- Samedi dernier, maman a rendu visite à notre voisin hospitalisé. Aussi longtemps que les heures de visite l'y ont autorisée, maman est restée jusque 20 heures. Il lui a fallu douze minutes pour enfiler son manteau, traverser les différents couloirs et descendre par l'ascenseur jusqu'à la sortie. Quel bus maman a-t-elle pu prendre au plus tôt ?

  Le bus de .... h ....

15. Le nombre comme quantité, classement, mesure, rapport ou code

1. De quelle manière les nombres sont-ils utilisés dans ce texte ? Comme quantité, classement, mesure, rapport ou code ?

Complète par QU, CL, ME, RA, CO sur les pointillés !

....	À treize heures, Sherlock descendit les seize marches vers la cave. Il y faisait froid, humide et surtout très sombre. Watson voulait faire de la lumière mais
....	il y réussit seulement après la troisième allumette. Dans un coin de la cave, ils découvrirent le coffre-fort. "Donne-moi le billet que nous avons trouvé
....	à l'étage" dit Sherlock. Il lut fébrilement 90-58-89. Parviendrait-il à ouvrir le coffre ? Lentement, il
....	tourna les trois boutons ....rien ! Zut ! Après
....	sept jours de recherches, il n'arrivait pas à percer le secret ! Ce n'était encore jamais arrivé depuis qu'il
....	avait entamé sa carrière de détective en mille huit cent nonante. "Où as-tu trouvé ce billet ?" demanda-t-il à
....	Watson. "Il se trouvait près du premier magazine de mode" répondit ce dernier. Dans un petit coin sur la couverture du magazine, quelque chose d'autre était
....	encore griffonné : "ZXY 321". "Voilà peut-être la réponse" s'exclama le détective et il retourna devant le coffre.

Sherlock pensait que 90-58-89 était un code. Mais comme ces trois nombres étaient près d'un magazine de mode, ils indiquaient peut-être ....

2. Complète par QU, CL, ME, RA, CO.

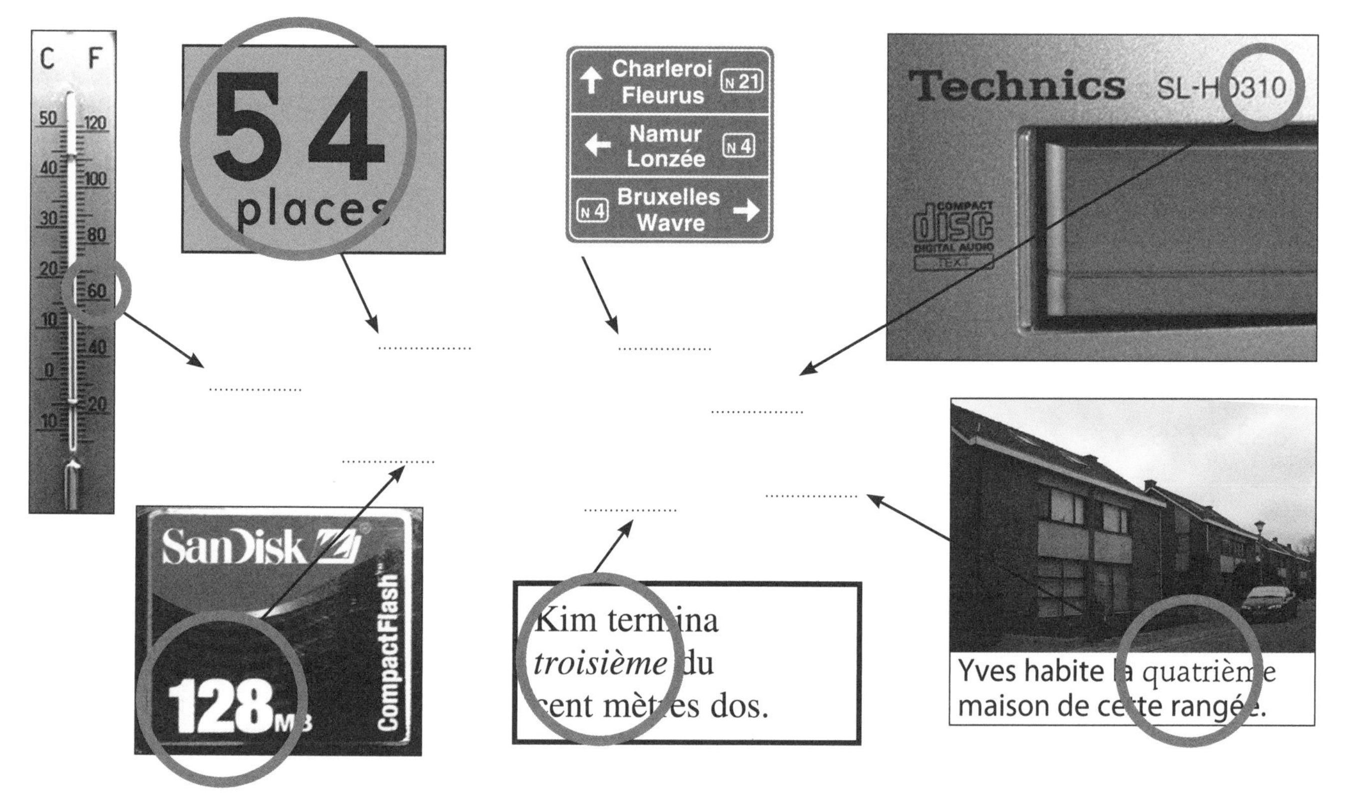

16. Calcul mental et la compensation : Propriétés des additions, soustractions, multiplications et divisions

1. Pointe les égalités qui sont correctes ; corrige celles qui sont fausses.

○ 60% de 800 = 800 : 100 = 8 × 60 = 480

....

○ 1 270 × 20 = 1 270 × 2 = 2 540 × 10 = 25 400

....

○ 2 374 – 1 785 = (2 374 – 2 000) + 215

....

○ 139,42 + 15,131 = 139 + 15 = 154 + 0,42 + 0,131 = 154,551

....

2. Résous. Complète ensuite l'encadré.

48 350 + 4990	= 48 360 + 5000	=	7985 + 2475	=	8000 + ...	= ....
1189 + 55	= 1190 + ...	=	53 756 + 4990	=	.... + 5000	= ....
4239 + 185	= 4240 + ...	=	0,35 + 2,25	=	.... + 2	= ....
6,20 + 3,45	= 6 + ...	=	71 388 + 3056	=	.... + 3000	= ....

Synthèse Si, dans une addition, tu .... un nombre à un terme et que tu .... le même nombre à l'autre terme, la somme reste la même.

3. Applique la propriété ci-dessus dans les exercices suivants.

7950 + 775 = ...

141 299 + 14 387 = ...

35,85 + 398,60 = ...

6,83 + 2,99 = ...

4. **Résous. Complète aussi l'encadré.**

6340 – 4190	= .... – 4200	=		14 844 – 12 160	= 14 800 –	= ....
6892 – 2917	= 6895 –	=		12 770 – 11 190	= .... – 11 200	= ....
13,98 – 2,46	= 14 –	=		15,48 – 12,02	= .... – 12	= ....
75 910 – 24 970	= .... – 25 000	=		23,97 – 14,15	= 24 –	= ....

Synthèse

Si, dans une soustraction, tu .... le même nombre aux deux termes ou que tu .... le même nombre aux deux termes, la différence reste la même.

5. **Applique la propriété ci-dessus dans les exercices suivants.**

121 478 – 3628 = ...

152,78 – 142,93 = ...

2 380 000 – 1 790 000 = ...

801 295 – 645 722 = ...

Exercices complémentaires

Complète par = ou ≠. Faire le calcul n'est pas nécessaire. Pense aux propriétés des additions et des soustractions.

24 298 + 25 345	•	24 300 + 25 347	1 150 526 – 143 397	•	1 150 530 – 143 400
144 478 – 76 289	•	144 479 – 76 290	712,68 + 49,36	•	712,7 + 49,34
148 756 – 12 496	•	148 756 – 12 500 + 4	11,01 – 2,01	•	11 – 2
874,04 – 624,79	•	874 – 624,39	333 752 – 222 196	•	333 752 – 222 200 – 4

6. **Résous. Utilise efficacement les propriétés.**

- Mademoiselle Simon a 18 725 euros sur son compte bancaire. Elle vend sa voiture pour 5 399 euros. Ce montant est versé intégralement sur son compte. Combien a-t-elle maintenant sur son compte ?

  Réponse : ....

- Elle achète une nouvelle voiture pour 12 795 euros. Combien lui reste-t-il sur son compte ?

  Réponse : ....

7. Résous. Complète ensuite l'encadré.

36 x 18 = 9 x .... = ...

0,5 x 18 = 1 x .... = ...

24 x 36 = 6 x .... = ...

0,01 x 12 = 1 x .... = ...

Synthèse

Si, dans une multiplication, tu multiplies un facteur par un nombre et que tu .... l'autre facteur par .... nombre, alors le produit reste le même.

8. De mémoire. Applique la propriété ci-dessus.

48 x 12 = ... x .... = ...

72 x 12 = ... x .... = ...

81 x 22 = ... x .... = ...

0,5 x 1,6 = ... x .... = ...

0,25 x 10 000 = ... x .... = ...

21 x 0,2 = ... x .... = ...

9. Complète, de mémoire, mais utilise ta calculette s'il y a des nombres décimaux.

72 : 12 = ...
(: .... (: ....
12 : 2 = ...

35 : 0,5 = ...
(............... x (............... x
350 : 5 = ...

14 : 0,25 = ...
(............... x (............... x
.... : 1 = 56

10. Applique les propriétés ci-dessus. Travaille de mémoire.

720 : 24 = ... : .... = ...

660 : 33 = ... : .... = ...

275 : 25 = ... : .... = ...

1500 : 25 = ... : .... = ...

980 : 28 = ... : .... = ...

⚠ 25 : 0,05 = ... : .... = ...

28 : 0,2 = ... : .... = ...

2,8 : 0,7 = ... : .... = ...

21,9 : 0,3 = ... : .... = ...

555 : 0,1 = ... : .... = ...

11. Complète par = ou ≠. Pense aux propriétés de la multiplication et de la division.

56 x 12	•	102 x 24
23 x 96	•	48 x 46
0,25 x 400	•	1 x 4
3600 : 400	•	360 : 4
144 x 12	•	72 x 24

250 : 0,5	•	250 : 5
5400 : 18	•	2700 : 9
25,05 : 0,05	•	2550 : 5
3,60 : 0,9	•	36 : 9
7575 : 75	•	303 : 3

Synthèse

Le .... d'une division ne change pas si tu divises les deux facteurs par le même nombre.

Le quotient d' .... ne change pas si tu multiplies les deux facteurs par le même nombre.

12. Tout de mémoire ! Attention : applique la propriété adéquate.

- L'instituteur, Mr. Jean, partage 96 billes entre ses 24 élèves. Le directeur de l'école partage des billes entre les autres élèves de l'école, soit 480 billes pour 120 enfants. Un élève de la classe de Mr. Jean reçoit-il (autant-plus-moins) de billes qu'un élève d'une autre classe ?

  ....

  Réponse : ....

- C'est la fête à l'école. Le directeur attend 576 convives pour le repas. Il veut placer les gens à des tables de 24 personnes. Mademoiselle Nathalie propose d'utiliser des tables de huit personnes. Pour laquelle de ces deux propositions devra-t-on placer le plus grand nombre de tables ?

  ....

  Réponse : ....

- Complète.

24 : 6 = 4

x .... x ....

168 : .... = 4

: .... : ....

.... : 5,25 = 4

$\frac{11}{121} = \frac{.}{484} = \frac{.}{11}$

648 x 252 = 1296 x ....

9693 : 27 = ...: 9

13. Le chiffre inconnu.

Dans cet exercice, X représente toujours le même chiffre

Quel est ce chiffre ? ....

8	+	X	=	....
8	-	X	=	....
8	x	X	=	....
8	:	X	=	....
				50

17. Calcul mental : Choisir des méthodes efficaces pour les additions

1. **Résous. Souligne le nombre que tu vas séparer. Écris les différentes étapes.**

2188 + 56 = 2188 + 12 + ... = ...

4668 + 64 = ... = ...

1456 + 67 = ... = ...

37,65 + 25,35 = ... = ...

2. **Évalue d'abord, ensuite résous. Souligne les nombres que tu vas rassembler. Écris les différentes étapes. Travaille aussi habilement que possible !**

	J'évalue	J'effectue
5245 + 68 + 355 =	....	....
426 + 533 + 67 =	....	....
6,58 + 823 + 6,42 =	....	....
203 652 + 21 960 + 140 =	....	....
69,5 + 10 568 + 400,5 =	....	....
9058,11 + 632 + 10,89 + 68 =	....	....
785,15 + 9856,6 + 103,4 + 14,85 =	....	....

Exercices complémentaires

Pour chaque exercice, il y a de trois à cinq manières pour trouver la solution. Contrôle d'abord si la méthode de travail est correcte. Dans ce cas, indique une croix dans la case adéquate. Souligne ensuite la méthode que tu préfères.

- **9783 + 728 =**
  - ○ 9000 + 700 +700 + 80 + 20 +3 + 8 = 9000 + 1400 + 100 +11 = 10 500 + 11 = ...
  - ○ 9700 + 700 + 100 + 11 = ...
  - ○ 9780 +720 +11 = ...
  - ○ 9780 +730 + 2 = ...
  - ○ 10 000 – 300 + 100 + 11 = ...
  - ○ 10 000 + 780 – 300 + 11 = ...
- **206 986 + 798 =**
  - ○ 200 000 + 6000 + 900 + 700 + 80 + 90 + 14 = 200 000 + 6000 + 1600 + 170 + 14 = ...
  - ○ 207 000 + 800 – 14 – 2 = 207 800 – 16 = ...
  - ○ 206 934 + 800 = 214 000 + 934 = ...
  - ○ 206 936 + 64 + 834 = 207 000 + 834 = ...
- **256 000 + 605 250 =**
  - ○ 255 000 + 605 000 +1250 = ...
  - ○ 256 000 + 60 000 + 250 = ...
  - ○ 256 000 + 60 000 + 6000 – 750 = 62 000 – 750 = ...
  - ○ 260 000 + 610 000 – 4000 – 4750 = ...

8952,75 + 4056,25 =

- ○ 8000 + 4000 +900 + 50 + 50 + 8 + 1 = ……………………
- ○ 9000 + 4000 – 50 + 50 + 6 + 3 = ……………………
- ○ 13 000 + 900 – 50 – 50 + 9 = ……………………
- ○ 14 000 + 50 – 50 + 9 = ……………………

3. Effectue. Donne, pour chaque exercice, trois méthodes de travail pour arriver à la solution correcte. Indique ensuite une croix en face de la meilleure méthode pour toi.

155,45 + 774,88 =
- ○ ……………………
- ○ ……………………
- ○ ……………………

826 800 + 3250 =
- ○ ……………………
- ○ ……………………
- ○ ……………………

4. Effectue. Tu peux choisir ta méthode de travail.

2650 + 768 + 1050 = ……………………

26 028 + 6354 + 502 + 646 = ……………………

2529,82 + 5,18 = ……………………

232,25 + 6542 + 7,75 = ……………………

5. Lis attentivement et résous :

- Quatre gros colis pèsent 41,74 kg ; 71,88 kg ; 620 kg ; et 112,12 kg.
  Combien pèsent-ils ensemble ? Utilise la méthode que tu préfères.

  Réponse : ……………………

- Jumbo, l'éléphant, pèse 3 497 kg. Son amie pèse 133 kg de plus.
  Combien pèsent les deux éléphants ensemble ? Lors de l'addition, utilise la méthode que tu préfères.

  Réponse : ……………………

6. Additionne de mémoire. Groupe d'abord pour calculer plus facilement !

- 123,75 + 12,8 + 16,25 + 20 + 3,75 = ……………………

  …………………… = ……………………

- 72,21 + 39,82 + 2,18 + 6,35 + 3,79 + 2,65 = ……………………

  …………………… = ……………………

- 293,98 + 17,44 + 20,56 = ……………………

  …………………… = ……………………

18. Calcul mental : Choisir des méthodes efficaces pour les soustractions

1. **Résous comme dans les exemples. Indique par une croix la méthode que tu estimes la plus facile.**

83 – 24

○ 83 – 20 – 4 = 63 – 4 = ...

○ 83 – 4 – 20 = 79 – 20 = ...

○ 83 – 3 – 21 = 80 – 21 = ...

○ 83 – 23 – 1 = 60 – 1 = ...

○ 80 – 24 + 3 = ...

○ 84 – 24 – 1= ....

7,6 – 2,8

○ 7,6 – 2 – 0,8 = 5,6 – 0,8 = ...

○ 7,6 – 0,8 – 2 = 6,8 – 2 = ...

○ 7,6 – 0,6 – 2,2 = 7 – 2,2 = ...

○ 7,6 – 2,6 – 0,2 = 5 – 0,2 = ...

○ 7,6 – 3 + 0,2 = 4,6 + 0,2 = ...

○ 8 – 3,2 = ...

2. **Résous de deux manières différentes. Écris toute ta démarche.**

95 – 37 ....

....

8,7 – 5,9 ....

....

3. **Cherche deux manières différentes pour arriver à la réponse. Écris toute ta démarche sur une feuille séparée.**

408,75 – 104,55

....

....

3 390 000 – 1 410 000

....

....

2, 008 – 1,99

....

....

795, 009 – 4,1

....

....

4. **Résous de mémoire. Choisis toi-même ta méthode et écris ta démarche entièrement.**

9 110 000 – 8 700 000 = ...

78,99 – 8,235 = ...

3 251 000 – 250 000 = ...

606,125 – 505,005 = ...

0, 25 – 0,025 = ...

5. **De mémoire.**

- La différence entre 2 500 000 et 1 050 000, c'est ....
- Retire 10,75 de 909. La différence est ....
- La différence est 2 000. Je dois donc retirer .... de 998 000,125.
- Pour la construction d'une nouvelle piste de décollage, la direction de l'aéroport demande le prix à trois entrepreneurs. Voici les trois devis :10 500 000 € ; 11 100 000 € et 9 999 000 €. La direction choisit l'entrepreneur le moins cher.

  Quel prix demande-t-il ? ....

  Quelle est la différence de prix entre l'entrepreneur le plus cher et le moins cher ?

  Réponse : ....
- La population des Pays-Bas compte (arrondi) 16 000 000 habitants, celle de la Suisse 7 300 000. Combien la population des Pays-Bas compte-t-elle d'habitants de plus que celle de la Suisse ?

  ....

  Réponse : ....

6. **Résous.**

-	1001	4 500 000	2 000 000	500 000	25 000
5 050 000					
10 000 000					
9 900 000					

-	10,5	0,125	7000	40,003	17,75
134					
9018,50					
40 003					

-	5005	10 005	9999	55 000	350 005
1 000 000					
800 000					
450 000					

7. **Complète les cases vides par les signes + et - et vérifie le résultat.**

90		80		70		60		50		40		30		20		10	=	170

19. Calcul mental : Choisir des méthodes efficaces pour les multiplications

1. **Résous.**

3 x 500 = ...
3 x 5000 = ...
3 x 50 000 = ...
3 x 500 000 = ...
3 x 5 000 000 = ...

8 x 90 = ...
8 x 9 = ...
8 x 0,9 = ...
8 x 0,09 = ...
8 x 0,009 = ...

2. **Attention aux zéros !**

9 x 5 = ...
90 x 5 = ...
90 x 0,5 = ...
90 x 50 = ...
900 x 50 = ...

80 x 600 = ...
0,8 x 600 = ...
900 x 0,05 = ...
60 000 x 40 = ...
0,004 x 60 = ...

700 x 700 = ...
0,5 x 0,5 = ...
5000 x 0,03 = ...
200 x 5000 = ...
900 x 500 = ...

3. **Résous de mémoire.**

6 x 50 000 = ...
200 000 x 2 = ...
9 x 9 000 000 = ...
4 x 0,001 = ...
0,7 x 0,6 = ...
0,1 x 35 = ...

3 x 7000 = ...
10 x 80 000 = ...
11 x 100 000 = ...
420 x 0,2 = ...
0,125 x 6 = ...
1,25 x 7 = ...

70 000 x 9 = ...
2 000 000 x 6 = ...
2 x 18 000 000 = ...
800 x 800 = ...
2,5 x 2,5 = ...
2,5 x 30 000 = ...

4. **Résous comme dans les exemples.**

Synthèse

Attention à l'ordre des opérations ! Tu dois d'abord calculer ce qu'il y a entre les parenthèses.

En l'absence de parenthèses, tu dois d'abord effectuer les multiplications et les divisions et ensuite additionner et soustraire.

Ex.: (7 x10) – (3 +5) = 70 – 8 = 62

9 + 2 + 3 x 8 – 2 x 2 = 9 + 2 + 24 – 4 = 31

7 x 14 = (7 x 10) + (7 x 4) = ...
70 x 14 = (7 x 10) x 14 ou (7 x 14) x 10 = ...
700 x 14 = 7 x 100 x 14
ou 7 x 14 x 100 = ...

6 x 1,5 = 6 x 1 + 6 x 0,5 = ...
0,6 x 15 = 0,6 x 10 + 0,6 x 5 = ...
0,6 x1,5 = 0,6 x 1 + 0,6 x 0,5 = ...

7000 x 14 = 7 x 1000 x 14 ou 7 x 14 x 1000 = ...	0,6 x 150 = 0,6 x 15 x 10 = ...
9 x 12 = ... x ..... + ... x ..... = ...	4 x 1,6 = ... x ..... + ... x ..... = ...
900 x 12 = ... x ..... x ..... = ...	4000 x 1,6 = ... x ..... x ..... = ...
9000 x 12 = ... x ..... x ..... = ...	40 000 x 1,6 = ... x ..... x ..... = ...
0,3 x 45 = ...	6 x 2,1 = ...
8 x 1,3 = ...	600 x 2,1 = ...
8000 x 1,3 = ...	60 000 x 2,1 = ...
800 000 x 1,3 = ...	1,5 x 38 = ...

5. **Coche la (les) proposition(s) qui convient (conviennent) pour calculer le nombre de points.**

- ○ 1000 + (4 × 700) + (3 × 400) + (2 × 200) + (2 × 100) + (2 × 20)
- ○ 1000 + 2 800 + 1 200 + 400 + 200
- ○ (1 × 1 000) + (4 × 700) + (3 × 400) + (2 × 200) + (2 × 100) – (2 × 20)
- ○ 1 000 + (4 × 700) + (3 ×400) + 2 × (200 + 100 + 20)

6. **Écris une situation correspondant à cette opération :**

(20 × 30) : 2

....

7. **Résous de mémoire.**

20 000 x1,5 = ...	20 000 x 2,5 = ...	0,7 x 0,2 = ...
800 x 1,2 = ...	2,5 x 3000 = ...	7000 x 17 = ...
0,5 x 900 = ...	400 000 x 0,08 = ...	50 000 x 0,25 = ...
300 x 1,125 = ...	300 000 x 0,015 = ...	70 x 0,015 = ...

Exercices complémentaires

Toujours de mémoire.

x	1,5	2,5	12,5	0,25	0,125
90					
0,5					
200					
7					
6000					

8. **Lis attentivement et résous.**

- Les facteurs sont 300 et 18. Leur produit est ....
- Le produit de 7 000 et 1,6 est ....
- Le quadruple de 0,025 est ....
- Huit fois 1 250, c'est ....
- Le produit est 8 000. Un des facteurs est 0,5. L'autre facteur est ....
- Le double de 50 est égal au quadruple de 12,5. Vrai ou faux ? ....
- Un jeu de société coûte 18 €. Le fabricant en fabrique 5 000.
  Combien d'euros recevra le fabricant si tous les jeux sont vendus ?
  Réponse : ....
- Un magasin de jouets a acheté 30 de ces jeux. Le vendeur gagne 19 € par jeu.
  Par chance, il les vend tous. Quel bénéfice réalise-t-il ?
  Réponse : ....

9. **Relie chaque opération à sa décomposition ; complète-la puis calcule le résultat.**

9 × 324 •	• (.......... × 324) + (.......... × 324) = 32 400 + 3 240 = 35 640
110 × 324 •	• (1000 × ....) .... (100 × ....) = 324 000 .... 32 400 = 291 600
18 × 324 •	• 600 – .... = 600 – 300 – 20 – 4 = 273
900 × 324 •	• (10 × ....) – (1 × ....) = 3 240 – 324 = 2 916
0,99 ×24 •	• (20 × ....) – (.......... × 324) = 6 480 – 648 = 5 832
597 – 324 •	• (.......... × 324) – (.......... × 324) = 324 – 3,24 = 320,76

20. Calcul mental : Multiplier par 10, 100, 5, 50, 1 000 et 10 000 Choisir des méthodes efficaces pour les divisions

1. Complète d'abord et résous ensuite. Tu peux noter les étapes intermédiaires.

Synthèse

48 x 5 = 48 x 10 : 2 = 480 : 2 = 240 ou 48 : 2 x 10 = 24 x 10 = 240

Pour multiplier un nombre par 5
> tu multiplies d'abord le nombre par .... et tu divises ce produit par ....
ou
> tu divises d'abord le nombre par .... et tu multiplies ce quotient par ....

48 x 50 = 48 x 100 : 2 = 4800 : 2 = 2400 ou 48 : 2 x 100 = 24 x 100 = 2400

Pour multiplier un nombre par 50
> tu multiplies d'abord le nombre par .... et tu divises ce produit par ....
ou
> tu divises d'abord le nombre par .... et tu multiplies ce quotient par ....

5 x 128 = ...
5 x 1220 = ...
5 x 8180 = ...
5 x 9800 = ...
50 x 89 = ...
50 x 838 = ...
50 x 1270 = ...

5 x 4,8 = ...
5 x 8,16 = ...
5 x 18,80 = ...
5 x 0,484 = ...
50 x 0,16 = ...
50 x 8,96 = ...
50 x 68,20 = ...

2. Résous.

1 x 180 = ...
10 x 180 = ...
100 x 180 = ...
1 x 0,172 = ...
10 x 0,172 = ...
100 x 0,172 = ...
100 x 1,2 = ...
1000 x 1,2 = ...
10 000 x 1,2 = ...

1 x 1,5 = ...
10 x 1,5 = ...
100 x 1,5 = ...
1000 x 280 = ...
10 000 x 280 = ...
1000 x 5600 = ...
10 000 x 5600 = ...
1000 x 5,385 = ...
10 000 x 5,385 = ...

1 x 7,65 = ...
10 x 7,65 = ...
100 x 7,65 = ...
1000 x 3,75 = ...
10 000 x 3,75 = ...
1000 x 0,37 = ...
10 000 x 0,37 = ...
1000 x 70,265 = ...
10 000 x 70,265 = ...

3. Méli-mélo. Si nécessaire, écris les réponses intermédiaires.

10 x 184 = ...
50 x 5,36 = ...
100 x 78,28 = ...
1000 x 84,186 = ...
5 x 1484 = ...
100 x 872,5 = ...

5 x 437 = ...
50 x 18,25 = ...
10 000 x 22,18 = ...
50 x 8,64 = ...
10 000 x 84,03 = ...
10 000 x 53,7 = ...

5 x 8070 = ………	50 x 5845 = ………
10 000 x 68,25 = ………	10 000 x 3,8 = ………
50 x 18 460 = ………	10 000 x 1000 = ………
1000 x 84,65 = ………	5 x 1,54 = ………
10 000 x 846 = ………	10 000 x 4,512 = ………
1000 x 18 420 = ………	1000 x 36,07 = ………
10 000 x 10,02 = ………	50 x 801 = ………
1000 x 1000 = ………	10 000 x 370,08 = ………
50 x 238 = ………	50 x 7,06 = ………
5 x 8810 = ………	5 x 4,036 = ………

4. Résous et réponds à l'aide d'une phrase.

- En juin, un mouvement de jeunesse a vendu 1 000 paquets de gaufres à 2,50 € le paquet. Le mouvement de jeunesse a gagné 50 cents par paquet. En septembre, les jeunes ont vendu cent tartes à 6,25 € pièce. Chaque tarte a rapporté un euro et septante cents. Quel bénéfice ce mouvement de jeunesse a-t-il réalisé par ces deux actions ?

  ………

  Réponse : ………

- Le rallye pédestre de l'école a attiré 100 participants pour 12 km. 500 participants ont parcouru 7km et 300 ont effectué 5km. Combien de km tous les participants ont-ils parcourus ensemble ?

  ………

  Réponse : ………

- Une grande firme sponsorise le rallye à raison de 40 cents par kilomètre. Quelle somme cette firme devra-t-elle débourser ?

  ………

  Réponse : ………

5. Vite et bien !

Synthèse — **Penses-y : le quotient d'une division ne change pas si tu ……… ou ……… les deux facteurs par le même nombre.**

27 : 3 = ………	420 : 7 = ………	3600 : 90 = ………	2 : 0,5 = ………
48 : 6 = ………	160 : 4 = ………	3600 : 6 = ………	4 : 0,2 = ………
72 : 9 = ………	240 : 4 = ………	4500 : 5 = ………	6 : 1,5 = ………
63 : 7 = ………	240 : 8 = ………	3500 : 70 = ………	12 : 0,6 = ………
5,6 : 8 = ………	640 : 8 = ………	4200 : 600 = ………	54 : 0,9 = ………
4,2 : 7 = ………	4900 : 7 = ………	8100 : 90 = ………	70 : 0,05 = ………

Exercices complémentaires

8,1 : 9 = ...	8100 : 9 = ...	2100 : 300 = ...	14 : 0,02 = ...
3,6 : 6 = ...	3200 : 8 = ...	2800 : 40 = ...	21 : 0,3 = ...
2,7 : 3 = ...	5400 : 6 = ...	2400 : 12 = ...	1,5 : 0,5 = ...
0,9 : 3 = ...	4800 : 8 = ...	5400 : 90 = ...	2,7 : 0,09= ....

6. **Diviser avec un reste.**

54 : 8	**= 48 r 6**	607 : 70	= .... r	1 : 0,3	= .... r ....
68 : 7	= .... r	607 : 80	= .... r	4 : 0,8	= .... r ....
30 : 9	= .... r	139 : 40	= .... r	2 : 0,6	= .... r ....
52 : 6	= .... r	6 : 0,8	= .... r	5 : 0,8	= .... r ....
19 : 4	= .... r	7 : 0,9	= .... r	8 : 0,9	= .... r ....
248 : 60	= .... r	5 : 0,6	= .... r	1,5 : 0,4	= .... r ....
448 : 60	= .... r	4 : 0,7	= .... r	8,1 : 0,8	= .... r ....

7. **Diviser des grands nombres de mémoire. Cherche les produits des tables et sépare comme dans l'exemple.**

37 256 : 6 = (36 000 : 6) + (1200 : 6) + (54 : 6) + reste 2 = 6000 + 200 + 9 + reste 2 = 6209 + reste 2

45 387 : 7 = ...

63 254 : 9 = ...

17 236 : 5 = ...

37 845 : 8 = ...

37 266 : 6 = ...

25 248 : 4 = ...

108 270 : 9 = ...

....

827 632 : 4 = ...

....

113 608 : 8 = ...

8. **Lis attentivement et résous.**

- Alexia épargne des pièces de 20 cents. Au total, elle a 12 euros. Combien de pièces Alexia a-t-elle ?

  Réponse : ....

- Carlos épargne des pièces, mais de 50 cents ! Combien de pièces aura-t-il épargnées s'il a 30 euros ?

  Réponse : ....

21. Calcul mental : Diviser par 10, 100, 5, 50 ,1 000 et 10 000

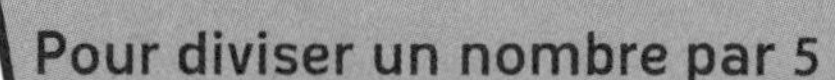

Synthèse

Pour diviser un nombre par 5
> tu multiplies d'abord le nombre par .... et tu divises ce produit par ....
ou
> tu divises d'abord le nombre par .... et tu multiplies ce quotient par ....

Pour diviser un nombre par 50
> tu multiplies d'abord le nombre par .... et tu divises ce produit par ....
ou
> tu divises d'abord le nombre par .... et tu multiplies ce quotient par ....

1. Résous.

1000 : 1 = ...	8520 : 1 = ...	4200,4 : 1 = ...
1000 : 10 = ...	8520 : 10 = ...	4200,4 : 10 = ...
1000 : 100 = ...	8520 : 100 = ...	4200,4 : 100 = ...
750 : 1 = ...	0,9 : 1 = ...	99,9 : 1 = ...
750 : 10 = ...	0,9 : 10 = ...	99,9 : 10 = ...
750 : 100 = ...	0,9 : 100 = ...	99,9 : 100 = ...

2. Résous.

318,2 : 10 = ...	164,12 : 10 = ...
318,2 : 5 = ...	164,12 : 5 = ...
1267,2 : 5 = ...	16 457,1: 10 = ...
76 000 : 100 = ...	16 457,1: 5 = ...
76 000 : 50 = ...	17 000 : 100 = ...
15 : 100 = ...	1 245 000: 50 = ...
15 : 50 = ...	741 : 100 = ...
317,1 : 100 = ...	741 : 50 = ...
202,6 : 100 = ...	1584,3 : 100 = ...
202,6 : 50 = ...	1584,3 : 50 = ...

3. Méli-mélo. Écris si nécessaire les étapes intermédiaires sur une feuille séparée.

0,5 : 10 = ...	1584,3 : 100 = ...
608,5 : 50 = ...	1584,3 : 50 = ...
1,7 : 100 = ...	7314,6 : 50 = ...
86 000 : 1000 = ...	94,4 : 100 = ...

574,8 : 50 =		9 985 100 : 10 000 =	
80 400 : 10 000 =		7584,3 : 50 =	
3,9 : 10 =		69 357 : 1000 =	
510,7 : 50 =		8586,3 : 50 =	
7,2 : 100 =		57,1 : 100 =	
672,4 : 50 =		6347,8 : 50 =	

Exercices complémentaires

Résous.

8 001 540 : 10 000 =		963 210 : 1000 =	
647,9 : 50 =		5734,3 : 50 =	
960 : 1000 =		12 300 : 10 000 =	
900 : 1 =		9000 : 10 000 =	
6352 : 5 =		77 707 : 1000 =	
74,5 : 50 =		5460 : 5 =	
980 564 : 10 =		354,7 : 50 =	
61 020 : 10 000 =		61 001 : 1000 =	
4,9 : 50 =		52,6 : 50 =	
3300 : 100 =		8 880 800 : 100 =	

4. **La somme des nombres du ballon doit être à la fois divisible par 2, 3 et 5. Colorie le ballon que tu laisses envoler.**

Réponse : ....

22. Fractions : Additionner et soustraire des fractions de dénominateurs différents

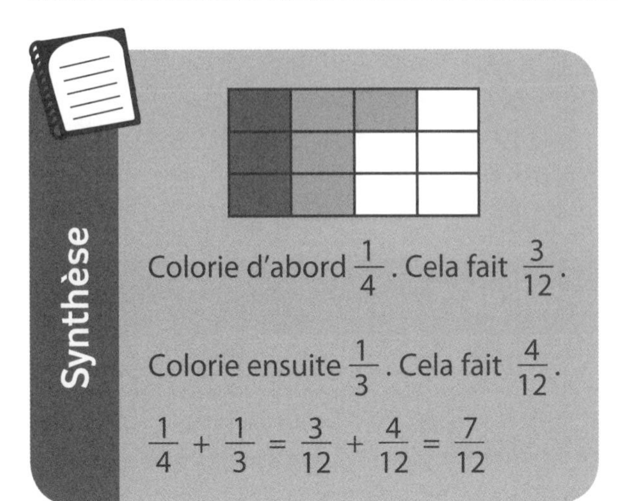

Synthèse

Colorie d'abord $\frac{1}{4}$. Cela fait $\frac{3}{12}$.

Colorie ensuite $\frac{1}{3}$. Cela fait $\frac{4}{12}$.

$\frac{1}{4} + \frac{1}{3} = \frac{3}{12} + \frac{4}{12} = \frac{7}{12}$

1. **Effectue ce qui est demandé et complète. Utilise une couleur différente pour chaque fraction.**

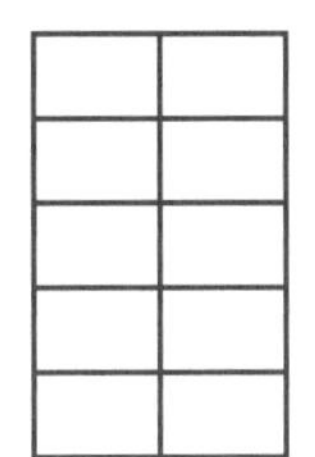

Colorie d'abord $\frac{4}{5}$. Cela fait $\frac{\dots}{10}$.

Colorie ensuite $\frac{1}{10}$. Cela fait $\frac{\dots}{\dots}$.

Additionne et complète.

$\frac{4}{5} + \frac{1}{10} = \frac{\dots}{10} + \frac{\dots}{10} = \frac{\dots}{\dots}$

2. **Écris, à l'aide d'une opération, quelle partie reste "blanche".**

A.

Colorie d'abord $\frac{2}{3}$. Cela fait $\frac{\dots}{15}$.

Barre $\frac{1}{5}$ de la partie coloriée.

Cela représente $\frac{\dots}{10}$ de la partie coloriée .

Soustrais et complète.

$\frac{2}{3} - \frac{1}{5} = \frac{\dots}{\dots} - \frac{\dots}{\dots} = \frac{\dots}{\dots}$

B.

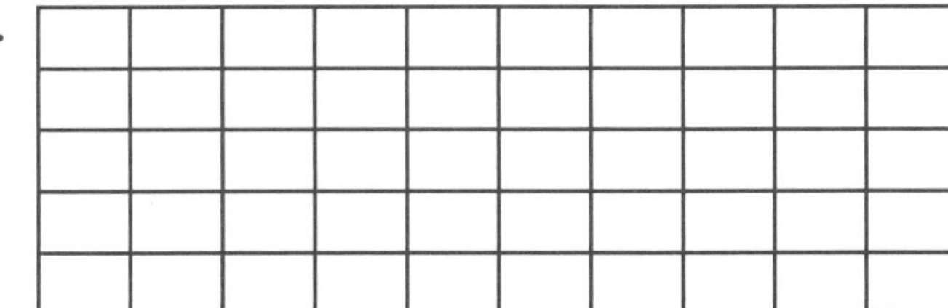

Colorie d'abord $\frac{3}{5}$. Cela fait $\frac{\dots}{10}$.

Barre $\frac{1}{2}$ de la partie coloriée.

Cela fait $\frac{\dots}{50}$ de la totalité du rectangle .

Soustrais et complète.

$\frac{30}{50} - \frac{15}{50} = \frac{\dots}{\dots}$

$\frac{15}{50} + \frac{20}{50} = \frac{\dots}{\dots} = \frac{\dots}{\dots}$

3. **Résous.**

Synthèse

Pour additionner ou soustraire des fractions de dénominateurs différents, tu dois d'abord réduire les fractions au même dénominateur en utilisant le PPCM.

$\frac{1}{4} + \frac{5}{8} =$ ....

$\frac{2}{5} + \frac{2}{3} =$ ....

$\frac{3}{4} + \frac{5}{6} =$ ....

$\frac{5}{6} + \frac{1}{3} =$ ....

$\frac{2}{3} + \frac{1}{4} =$ ....

$\frac{4}{5} + \frac{1}{4} =$ ....

$\frac{5}{6} + \frac{3}{5} =$ ....

$\frac{4}{5} + \frac{1}{2} =$ ....

4. Encore des opérations de fractions.

$\frac{5}{7} + \frac{1}{2} =$ ....

$\frac{7}{8} - \frac{3}{5} =$ ....

$\frac{5}{8} + \frac{1}{4} =$ ....

$\frac{7}{9} - \frac{2}{3} =$ ....

$\frac{1}{6} + \frac{3}{5} =$ ....

$\frac{5}{7} - \frac{1}{3} =$ ....

$\frac{3}{4} + \frac{1}{8} =$ ....

$\frac{7}{9} - \frac{1}{4} =$ ....

$\frac{5}{9} + \frac{1}{3} =$ ....

$\frac{3}{5} - \frac{2}{7} =$ ....

$\frac{3}{8} + \frac{5}{6} =$ ....

$\frac{5}{8} - \frac{1}{4} =$ ....

5. Résous.

- Pour l'anniversaire de maman, $\frac{1}{3}$ des invités avait choisi le riz au lait comme dessert et $\frac{3}{5}$ la mousse au chocolat. Les autres invités n'ont pas pris de dessert.
  Quelle partie des invités a pris un dessert ?

  Réponse : ....

  Quelle partie des invités n'a pas pris de dessert ?

  Réponse : ....

6. Résous.

- Julien cultive $\frac{3}{5}$ de son jardin pour les légumes et $\frac{1}{4}$ de la superficie pour des pommes de terre. Le reste du jardin est envahi par des mauvaises herbes.
  Quelle partie du jardin de Julien est cultivée ?

  Réponse : ....

  Quelle partie du jardin est envahie par des mauvaises herbes ?

  Réponse : ....

- Lors d'une réception, des toasts et des amuse-gueule chauds ne peuvent être préparés à l'avance. $\frac{3}{4}$ des amuse-gueule sont chauds et $\frac{1}{6}$ sont des toasts.
  Le reste des amuse-gueule sont des radis, des carottes et des choux-fleurs que l'on peut préparer à l'avance. Quelle partie des toasts et amuse-gueule ne peut-on pas préparer à l'avance ?

  Réponse : ....

  Quelle partie des amuse-gueule est représentée par les radis, les choux-fleurs et les carottes ?

  Réponse : ....

23. Fractions : Multiplier des fractions simples par un nombre naturel

Synthèse

Pour multiplier une fraction par un nombre naturel, tu multiplies le numérateur par ce nombre.
Le dénominateur ne change pas. Si possible, tu simplifies le produit.

Effectue et complète. Utilise “chaque fois” une couleur différente !

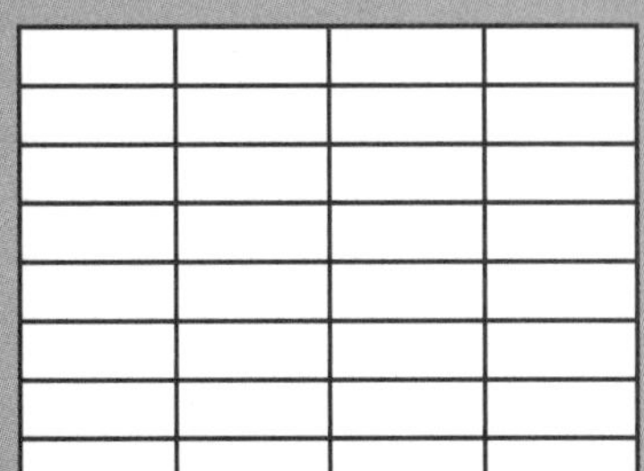

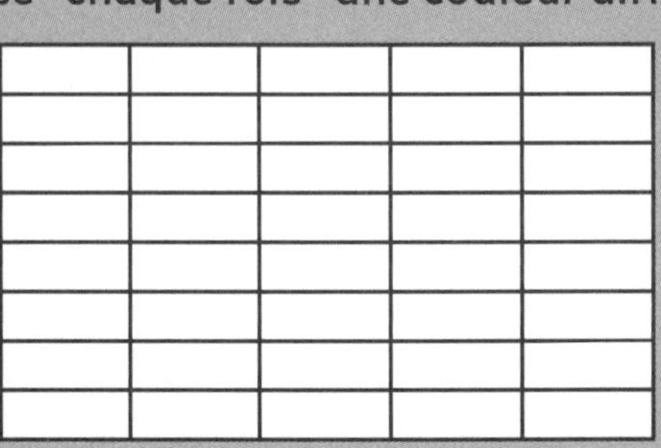

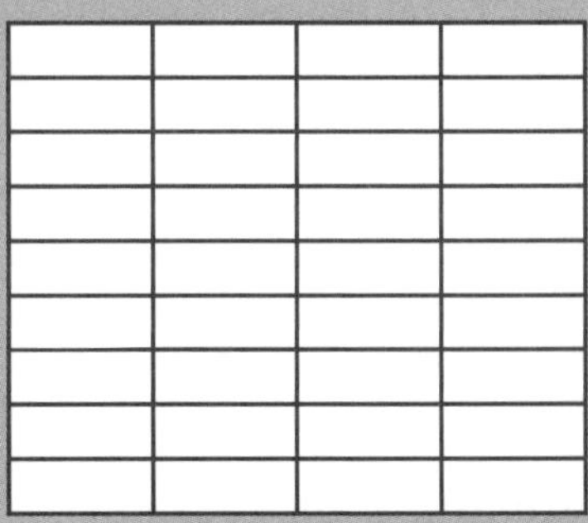

Colorie 3 fois $\frac{1}{8}$.

$3 \times \frac{1}{8} = \frac{\cdot}{\cdot}$

Colorie 4 fois $\frac{1}{5}$.

$4 \times \frac{1}{5} = \frac{\cdot}{\cdot}$

Colorie 5 fois $\frac{1}{6}$.

$5 \times \frac{1}{6} = \frac{\cdot}{\cdot}$

1. Résous. Simplifie où c'est possible !

$7 \times \frac{1}{9} = \frac{\cdot}{\cdot}$

$4 \times \frac{1}{5} = \frac{\cdot}{\cdot}$

$7 \times \frac{1}{10} = \frac{\cdot}{\cdot}$

$2 \times \frac{4}{9} = \frac{\cdot}{\cdot}$

$4 \times \frac{3}{7} = \frac{\cdot}{\cdot}$

$5 \times \frac{1}{6} = \frac{\cdot}{\cdot}$

$9 \times \frac{3}{10} = \frac{\cdot}{\cdot}$

$6 \times \frac{1}{3} = \frac{\cdot}{\cdot}$

$8 \times \frac{2}{7} = \frac{\cdot}{\cdot}$

$8 \times \frac{1}{4} = \frac{\cdot}{\cdot}$

$3 \times \frac{2}{5} = \frac{\cdot}{\cdot}$

$5 \times \frac{1}{6} = \frac{\cdot}{\cdot}$

$4 \times \frac{4}{5} = \frac{\cdot}{\cdot}$

$3 \times \frac{5}{8} = \frac{\cdot}{\cdot}$

$3 \times \frac{2}{5} = \frac{\cdot}{\cdot}$

$4 \times \frac{3}{5} = \frac{\cdot}{\cdot}$

$5 \times \frac{1}{2} = \frac{\cdot}{\cdot}$

$3 \times \frac{2}{7} = \frac{\cdot}{\cdot}$

$7 \times \frac{2}{5} = \frac{\cdot}{\cdot}$

$9 \times \frac{5}{8} = \frac{\cdot}{\cdot}$

$3 \times \frac{2}{9} = \frac{\cdot}{\cdot}$

$2 \times \frac{3}{7} = \frac{\cdot}{\cdot}$

$4 \times \frac{3}{7} = \frac{\cdot}{\cdot}$

$4 \times \frac{4}{9} = \frac{\cdot}{\cdot}$

$6 \times \frac{1}{8} = \frac{\cdot}{\cdot}$

$4 \times \frac{7}{10} = \frac{\cdot}{\cdot}$

$5 \times \frac{4}{9} = \frac{\cdot}{\cdot}$

$4 \times \frac{2}{9} = \frac{\cdot}{\cdot}$

$6 \times \frac{2}{3} = \frac{\cdot}{\cdot}$

$4 \times \frac{7}{10} = \frac{\cdot}{\cdot}$

2. Résous.

- En une heure, papa repasse $\frac{2}{3}$ du linge. Combien de temps devra-t-il travailler pour repasser tout le linge ?

  Réponse : ....

- Un laveur de vitres lave $\frac{1}{5}$ de toutes les vitres d'un grand immeuble à appartements en deux heures. Combien de temps devra-t-il travailler pour laver toutes les vitres de cet immeuble ?

  Réponse : ....

- En 6e année de l'école « La Ruche », les élèves travaillent en groupe. Dans chaque groupe, il y a $\frac{1}{6}$ du nombre d'élèves. Combien de groupes peut-on former dans cette classe ?

  Réponse : ....

24. Fractions : Une fraction X une fraction

Synthèse

Pour multiplier deux fractions entre elles, on .... les numérateurs entre eux et ensuite les dénominateurs entre eux.

Attention, il est parfois possible de simplifier la fraction réponse ou d'en extraire les unités.

Colorie en jaune $\frac{1}{3}$ de la bandelette. Hachure ensuite $\frac{1}{2}$ de la partie jaune.

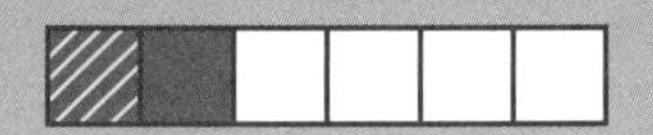

$\frac{1}{2}$ de $\frac{1}{3} = \frac{1}{6}$ ou $\frac{1}{2} \times \frac{1}{3} = \frac{1}{6}$

1. Écris la réponse des opérations. Simplifie si tu peux.

- Colorie en jaune $\frac{1}{4}$ de la bandelette. Hachure ensuite $\frac{1}{2}$ de la partie jaune.

$\frac{1}{2}$ de $\frac{1}{4}$ = ... ou $\frac{1}{2} \times \frac{1}{4}$ = ...

- Colorie en jaune $\frac{2}{3}$ de la bandelette. Hachure ensuite $\frac{1}{4}$ de la partie jaune.

$\frac{1}{4}$ de $\frac{2}{3}$ = ... ou $\frac{1}{4} \times \frac{2}{3}$ = ...

- Colorie en jaune $\frac{2}{5}$ de la bandelette. Hachure ensuite $\frac{3}{4}$ de la partie jaune.

$\frac{3}{4}$ de $\frac{2}{5}$ = ... ou $\frac{3}{4} \times \frac{2}{5}$ = ...

- Colorie en jaune $\frac{1}{5}$ de la bandelette. Hachure ensuite $\frac{1}{2}$ de la partie jaune.

$\frac{1}{2}$ de $\frac{1}{5}$ = ... ou $\frac{1}{2} \times \frac{1}{5}$ = ...

2. Observe attentivement les dessins et écris les deux opérations effectuées.

$\frac{.}{.}$ de $\frac{.}{.} = \frac{.}{.}$

$\frac{.}{.} \times \frac{.}{.} = \frac{.}{.}$

$\frac{.}{.}$ de $\frac{.}{.} = \frac{.}{.}$

$\frac{.}{.} \times \frac{.}{.} = \frac{.}{.}$

3. Effectue.

$\frac{2}{3} \times \frac{2}{3}$ = ... | $\frac{1}{2} \times \frac{5}{6}$ = ... | $\frac{1}{4} \times \frac{3}{5}$ = ... | $\frac{3}{4} \times \frac{2}{3}$ = ...

$\frac{1}{7} \times \frac{3}{8} =$ .... | $\frac{2}{3} \times \frac{3}{8} =$ .... | $\frac{2}{9} \times \frac{4}{5} =$ .... | $\frac{4}{7} \times \frac{1}{5} =$ ....

$\frac{1}{2} \times \frac{1}{2} =$ .... | $\frac{1}{3} \times \frac{1}{3} =$ .... | $\frac{1}{4} \times \frac{1}{4} =$ .... | $\frac{2}{5} \times \frac{3}{5} =$ ....

4. Indique une croix si l'exercice est correct. Rectifie l'erreur si c'est faux.

○	$\frac{1}{2}$ de $\frac{1}{3}$ = la moitié de $\frac{1}{3} = \frac{8}{60}$
○	$\frac{1}{3} \times \frac{1}{4} = \frac{1}{3}$ de $\frac{1}{4}$
○	$\frac{1}{5} \times \frac{1}{4} = (1 : 5) \times (1 : 4) = 0{,}2 \times 0{,}25$
○	$\frac{1}{4} \times \frac{1}{5} = \frac{2}{9}$
○	$0{,}2 \times 0{,}25 = \frac{1}{5}$ de $0{,}25 = 0{,}05$
○	$\frac{3}{4}$ de $\frac{3}{4}$ = 75 % de $\frac{3}{4}$
○	50 % de $\frac{1}{5} = 2 \times \frac{1}{5}$
○	$\frac{4}{5}$ de $\frac{1}{2}$ = 80 % de $\frac{1}{2}$
○	$\frac{3}{8}$ de $\frac{2}{5}$ = ($\frac{1}{8}$ de $\frac{2}{5}$) x 3
○	$\frac{3}{10} \times \frac{5}{6}$

5. Pour l'après-midi “jeux”, Naji le moniteur, partage le groupe de 32 enfants en huit équipes égales. Un quart de chaque équipe reçoit crayon et feuille de papier. Combien d'enfants reçoivent “de quoi écrire” ?

....

Réponse : ....

25. Fractions : Diviser des fractions simples par un nombre naturel

Synthèse

Pour diviser une fraction par un nombre naturel, tu divises le numérateur par ce nombre. Le dénominateur ne change pas.
Parfois, tu ne peux pas diviser le numérateur par ce nombre.
- **ou bien tu cherches une fraction équivalente dont le numérateur est bien divisible par ce nombre.**
- **ou bien tu multiplies le dénominateur par ce nombre.**

Exemple : $\frac{4}{4} : 4 = \frac{1}{4}$

$\frac{4}{4} : 4 = \frac{\cancel{4}}{4} \times \frac{1}{\cancel{4}} = \frac{1}{4}$

Effectue et complète. Utilise une couleur différente pour "chaque partie égale". Attention : cherche d'abord une fraction équivalente !

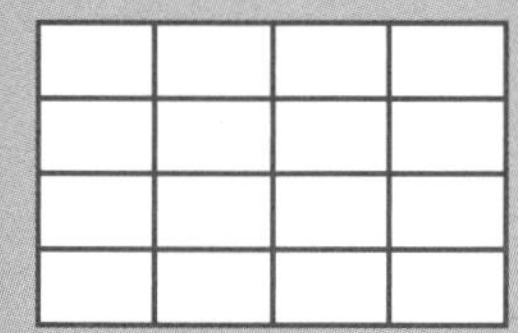

Indique $\frac{1}{2}$ à l'aide d'un gros trait.

Partage maintenant $\frac{1}{2}$ en 2 parties égales.

$\frac{1}{2} : 2$ ou $\frac{\cdot}{\cdot} : 2 = \frac{\cdot}{\cdot}$

Indique $\frac{3}{5}$ à l'aide d'un gros trait.

Partage maintenant $\frac{3}{5}$ en six parties égales.

$\frac{3}{5} : 6$ ou $\frac{\cdot}{\cdot} : 6 = \frac{\cdot}{\cdot}$

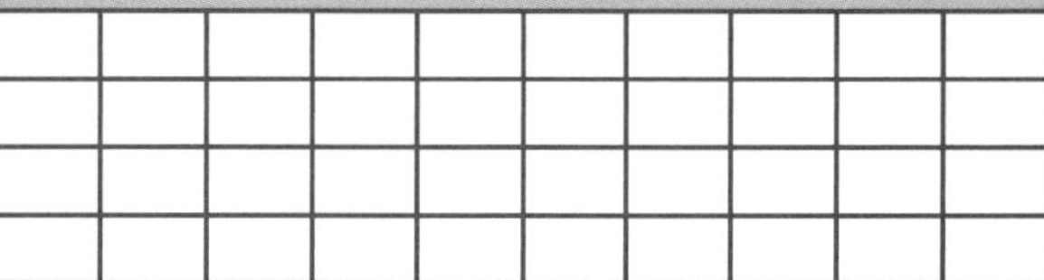

Indique $\frac{6}{10}$ à l'aide d'un gros trait.

Partage maintenant $\frac{6}{10}$ en douze parties égales.

$\frac{6}{10} : 12$ ou $\frac{\cdot}{\cdot} : 12 = \frac{\cdot}{\cdot}$

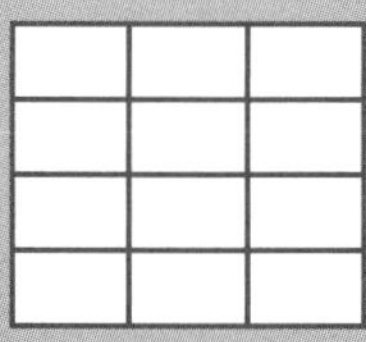

Indique $\frac{3}{3}$ à l'aide d'un gros trait.

Partage maintenant en 6 parties égales.

$\frac{3}{3} : 6$ ou $\frac{\cdot}{\cdot} : 6 = \frac{\cdot}{\cdot}$

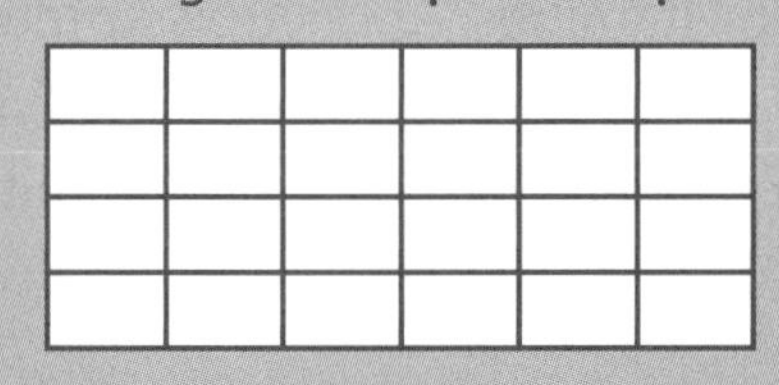

Indique $\frac{2}{3}$ à l'aide d'un gros trait.

Partage maintenant $\frac{2}{3}$ en quatre parties égales.

$\frac{2}{3} : 4$ ou $\frac{\cdot}{\cdot} : 4 = \frac{\cdot}{\cdot}$

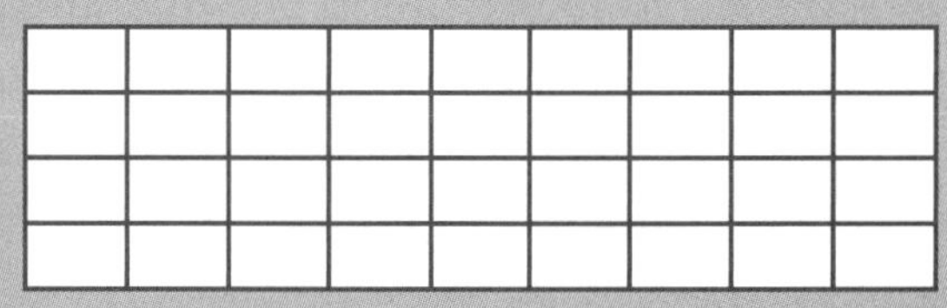

Indique $\frac{7}{9}$ à l'aide d'un gros trait.

Partage maintenant $\frac{7}{9}$ en 14 parties $\frac{3}{3}$ égales.

$\frac{7}{9} : 14$ ou $\frac{\cdot}{\cdot} : 14 = \frac{\cdot}{\cdot}$

1. **Résous. Simplifie si tu peux.**

$\frac{4}{4} : 4 = \frac{\cdot}{\cdot}$

$\frac{4}{7} : 2 = \frac{\cdot}{\cdot}$

$\frac{9}{10} : 3 = \frac{\cdot}{\cdot}$

$\frac{6}{5} : 2 = \frac{\cdot}{\cdot}$

$\frac{5}{9} : 5 = \frac{\cdot}{\cdot}$

$\frac{4}{3} : 4 = \frac{\cdot}{\cdot}$

$\frac{8}{9} : 4 = \frac{\cdot}{\cdot}$

$\frac{12}{9} : 3 = \frac{\cdot}{\cdot}$

$\frac{6}{7} : 2 = \frac{\cdot}{\cdot}$

2. Encore des fractions. Simplifie.

$\frac{6}{9} : 12 = \frac{\cdot}{\cdot}$	$\frac{12}{7} : 6 = \frac{\cdot}{\cdot}$	$\frac{9}{8} : 6 = \frac{\cdot}{\cdot}$	$\frac{9}{4} : 6 = \frac{\cdot}{\cdot}$
$\frac{6}{7} : 12 = \frac{\cdot}{\cdot}$	$\frac{9}{5} : 3 = \frac{\cdot}{\cdot}$	$\frac{8}{5} : 16 = \frac{\cdot}{\cdot}$	$\frac{10}{7} : 4 = \frac{\cdot}{\cdot}$
$\frac{6}{10} : 12 = \frac{\cdot}{\cdot}$	$\frac{12}{9} : 3 = \frac{\cdot}{\cdot}$	$\frac{9}{8} : 18 = \frac{\cdot}{\cdot}$	$\frac{10}{3} : 3 = \frac{\cdot}{\cdot}$

3. Résous.

- En une semaine, la réserve de boissons d'une école a diminué de $\frac{4}{7}$.

  Que reste-t-il de la réserve ?

  Réponse : ....

  Luc, l'instit, partage le restant de la réserve en six parts égales.
  Quelle partie de la réserve représente chaque part ?

  ....

  Réponse : ....

- Dans cette boulangerie, quatre tartes sont partagées en six grands morceaux. Maman achète $\frac{1}{4}$ de tous ces morceaux. Quelle partie de l'ensemble des morceaux reste-t-il encore ?

  ....

  Réponse : ....

- Un décathlonien prend une quantité de vitamines. Après trois épreuves, il lui reste $\frac{3}{4}$ de ses vitamines. Il veut partager cette partie de façon égale pour lui donner "un coup de fouet" après la sixième et la neuvième épreuve. Quelle partie de ses vitamines peut-il prendre après la neuvième épreuve ?

  ....

  Réponse : ....

4. Partager.

Il y a au moins 6 manières différentes de partager ces carrés en 4 parts égales.
Emploie des couleurs

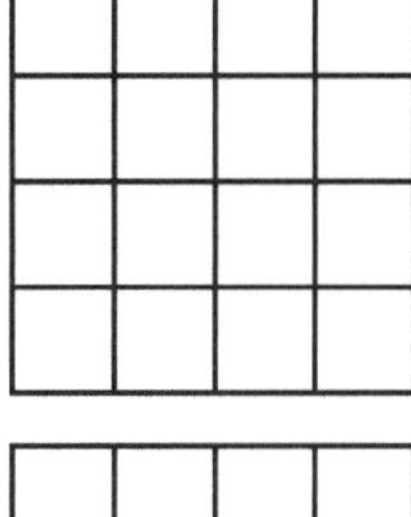
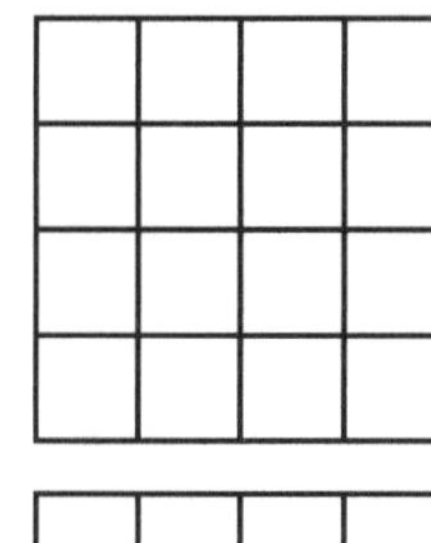
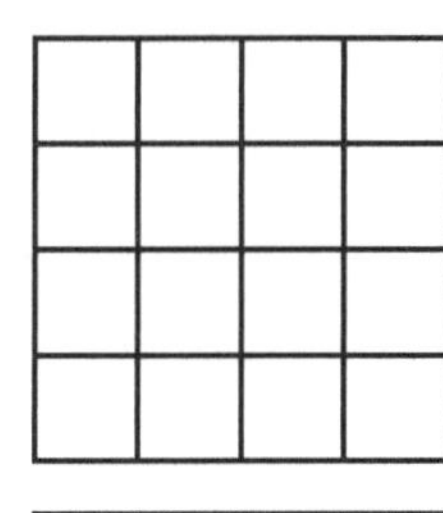

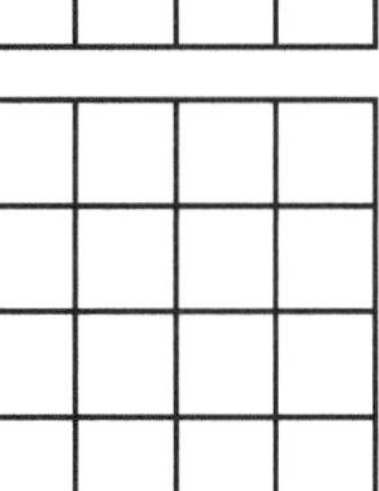
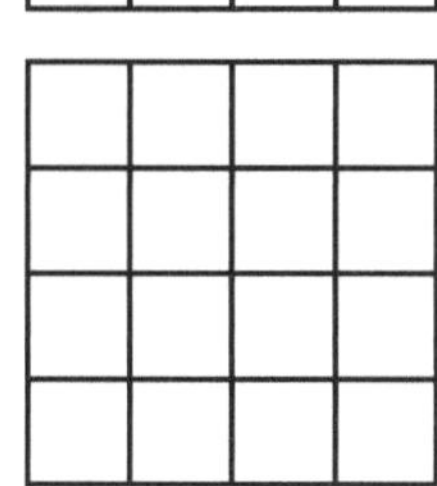
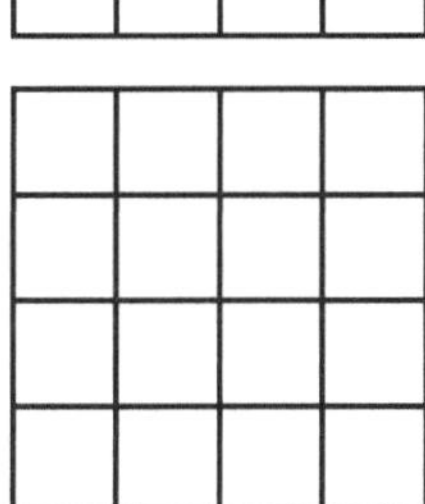

26. Calcul mental : Additionner et soustraire des nombres décimaux simples

1. **Additionne.**

0,5 + 0,9 = ……………
5,7 + 2,7 = ……………
8,4 + 0,9 = ……………
9,3 + 4,7 = ……………
5,7 + 3,3 = ……………

0,74 + 0,17 = ……………
5,74 + 3,26 = ……………
7,36 + 3,65 = ……………
8,14 + 5,99 = ……………
7,06 + 2,08 = ……………

0,138 + 0,072 = ……………
7,815 + 3,085 = ……………
2,789 + 7,711 = ……………
4,189 + 5,911 = ……………
9,005 + 5,999 = ……………

Exercices complémentaires

6,9 + 5,6 = ……………
4,8 + 4,8 = ……………
6,6 + 3,7 = ……………
6,5 + 7,5 = ……………
8,4 + 8,7 = ……………

8,09 + 2,91 = ……………
7,36 + 2,08 = ……………
5,12 + 5,88 = ……………
8,45 + 2,85 = ……………
6,87 + 2,83 = ……………

7,046 + 2,854 = ……………
5,805 + 3,155 = ……………
6,208 + 6,808 = ……………
6,582 + 4,505 = ……………
7,506 + 7,560 = ……………

2. **Soustrais.**

8,5 – 2,7 = ……………
7,5 – 2,6 = ……………
5,8 – 1,9 = ……………
6,9 – 4,4 = ……………
8,6 – 3,9 = ……………

0,60 – 0,47 = ……………
8,07 – 4,35 = ……………
6,48 – 3,49 = ……………
6,75 – 1,95 = ……………
3,51 – 2,99 = ……………

0,802 – 0,002 = ……………
9,909 – 2,202 = ……………
4,025 – 0,425 = ……………
5,505 – 1,605 = ……………
6,085 – 2,105 = ……………

Exercices complémentaires

7,2 – 2,5 = ……………
9,3 – 3,7 = ……………
8,4 – 2,8 = ……………
6,1 – 1,9 = ……………
8,5 – 5,7 = ……………

5,15 – 2,55 = ……………
8,35 – 1,85 = ……………
7,02 – 4,22 = ……………
8,35 – 5,65 = ……………
7,25 – 3,95 = ……………

7,255 – 3,455 = ……………
9,008 – 2,880 = ……………
6,001 – 1,999 = ……………
5,365 – 2,565 = ……………
7,088 – 2,888 = ……………

3. **Attention !**

7,7 + 2,55 = ……………
5,4 + 2,55 = ……………
6,3 + 4,54 = ……………
19,2 – 2,25 = ……………

6,6 + 1,355 = ……………
7,5 + 14,515 = ……………
4,1 + 12,825 = ……………
15,7 – 1,899 = ……………

8,14 + 3,115 = ……………
6,06 + 2,600 = ……………
9,99 + 5,005 = ……………
18,08 – 2,800 = ……………

55,1 – 3,55 = ...	36,4 – 1,650 = ...	27,70 – 1,999 = ...
36,6 – 1,75 = ...	99,7 – 2,555 = ...	36,99 – 1,499 = ...
13,7 – 1,99 = ...	27,3 – 5,625 = ...	48,55 – 3,055 = ...

4. **Résous.**

- Nadia vide sa tirelire. Elle a 174,86 euros. Louise a 99,48 euros dans sa tirelire. Combien d'euros les deux filles ont-elles ensemble ?

  ....

  Réponse : ....

  Combien Nadia a-t-elle de plus que Louise ?

  ....

  Réponse : ....

- Dans une station-service, les prix suivants sont affichés : diesel 1,539 € le litre et euro super 1,612 € le litre. Maman prend 30 ℓ d'euro super et son ami 30 ℓ de diesel. Combien paiera maman ?

  ....

  Réponse : ....

  Combien l'ami de maman paiera-t-il ?

  ....

  Réponse : ....

  Combien maman paiera-t-elle de plus/de moins que son ami ?

  ....

  Réponse : ....

- Grand-père reçoit la facture du garagiste : 446,48 euros pour les pièces de rechange, 97,08 euros de main-d'œuvre et 114,15 euros de TVA. Combien grand-père paiera-t-il ?

  ....

  Réponse : ....

  De combien d'euros le montant des pièces de rechange dépasse-t-il celui de la main-d'œuvre ?

  ....

  Réponse : ....

27. Calcul mental : Nombre décimal x nombre naturel ; nombre décimal x nombre décimal

1. Résous.

6 x 0,04 = ...
5 x 1,14 = ...
17 x 0,004 = ...
3 x 0,016 = ...
5 x 23,2 = ...
8 x 0,25 = ...

10 x 0,07 = ...
8 x 2,024 = ...
0,8 x 40 = ...
3 x 5,7 = ...
7 x 8,4 = ...
100 x 99,7 = ...

1,86 x 5 = ...
4,7 x 28 = ...
1,35 x 6 = ...
7,6 x 9 = ...
674 x 1,5 = ...
50 x 0,65 = ...

1000 x 0,62 = ...
8 x 2,32 = ...
5 x 14,7 = ...
0,5 x 164 = ...
25 x 0,3 = ...
0,6 x 70 = ...

2. Résous comme dans l'exemple.

Exemple : 0,4 x 0,7 = 4 x 0,07 = 0,28
→ supprime d'abord une virgule.

0,8 x 0,7 = ...
0,05 x 0,2 = ...
1,5 x 1,2 = ...
0,8 x 7,400 = ...
0,5 x 2,04 = ...

1,5 x 0,04 = ...
4 x 5,250 = ...
0,6 x 2,4 = ...
0,9 x 35,2 = ...
46,2 x 2,5 = ...

3. Complète.

10 x .... = 78
0,4 x .... = 0,24
0,4 x .... = 2,4

5 x .... = 30,45
3,25 x .... = 13
100 x .... = 1750

4. Virgule oubliée ou mal placée ! Si elle est mal placée, réécris correctement le produit.

100 x 1,045 = 1045 → ....
6 x 304 = 18,24 → ....
10 x 122 = 122 → ....

3,7 x 105 = 3,885 → ....
50 x 0,063 = 315 → ....
5,11 x 5,1 = 26061 → ....

5. Résous.

- Complète l'addition en faisant un CE. N'oublie pas de bien aligner.

SAVACA			
Description	Prix unitaire	Nombre	Montant
baguette	**1,35 €**	2	.... €
café	**1,83 €**	4	.... €
jus de fruits 1l	**1,04 €**	5	.... €
poudre à lessiver	**6,89 €**	1	.... €
eau minérale	**0,38 €**	6	.... €
pizza	**3,39 €**	3	.... €
spirelli	1,17 €	5	.... €
yaourt	1,24 €	4	.... €
tomates	0,22 €	7	.... €
cornflakes	3,29 €	3	.... €
Total (avec calculette) :			.... €
Payé :			**70 €**
Rendu (avec calculette) :			.... €

- Il y a 24 bouteilles dans un casier de bières. Une bouteille contient 0,25 ℓ.
  Combien de litres de bière pour le casier ?

  ....

  Réponse : ....

  ....

- Tante Cathy veut faire carreler sa salle de bains. Celle-ci a une superficie totale de 12,5 m². La firme Sanibat lui compte 20,50 euros le m². Combien coûte la rénovation de la salle de bains ?

  ....

  Réponse : ....

  ....

6. Attention à la place de la virgule !

0,8 x 50 = ...	0,4 x 3000 = ...	60 x 0,04 = ...	80 x 0,004 = ...
0,6 x 5 = ...	0,7 x 300 = ...	9 x 0,06 = ...	7 x 0,007 = ...

Exercices complémentaires

0,5 x 0,4 = ...	0,9 x 0,03 = ...	0,8 x 0,9 = ...	0,9 x 0,08 = ...
0,9 x 0,06 = ...	0,6 x 0,7 = ...	0,07 x 0,5=	0,05 x 0,8 = ...

7. Attention ! Il n'y a pas toujours de virgule dans le produit.

0,07 x 5000=	0,6 x 0,09 = ...	700 x 60 = ...	5,8 x 0,01 = ...
0,8 x 0,08 = ...	0,05 x 0,8 = ...	80 x 0,008=	3,04 x 0,4 = ...
700 x 0,06 = ...	0,08 x 0,7 = ...	2,5 x 0,04=	5,1 x 0,06 = ...

8. Colorie de la même couleur ce qui va ensemble. Attention parfois, il y en a plus que deux !

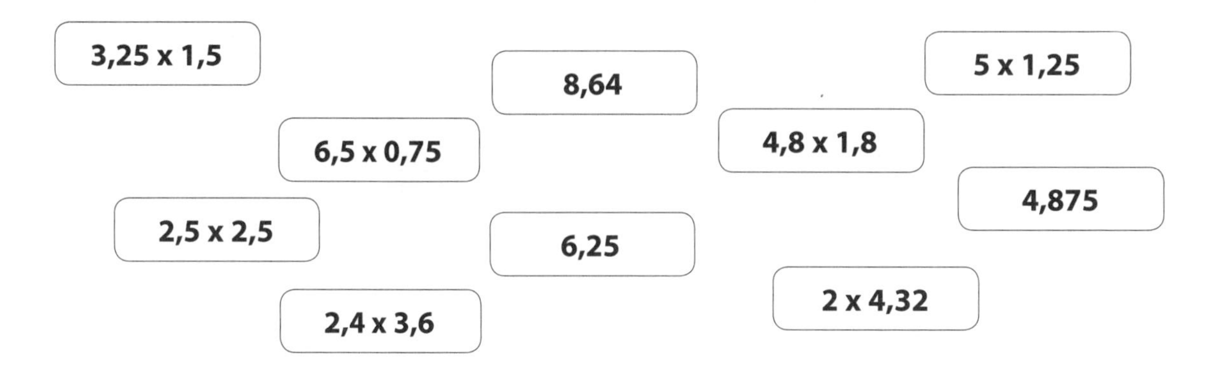

9. **Résous.**

- Jeanne peint une miniature de 0,08 m sur 0,2 m.
  Quelle superficie Jeanne peint-elle ?

  ....

  Réponse : ....

- Grand-père voudrait une nouvelle armoire dans son atelier.
  L'armoire peut avoir une surface maximum au sol de 1,50 m^2.
  Chez Brico, il en trouve une d'une largeur de 1,20 m et d' une profondeur de 0,40 m.
  Peut-il l'acheter ? Pourquoi oui ? Pourquoi non ?

  ....

  Réponse : ....

- Sanaa reçoit de son père un jardinet de 3,50 m sur 1,50 m.
  Quelle est la superficie de ce jardinet ?

  ....

  Réponse : ....

  Elle adore les fraises. Elle peut mettre 16 plants de fraises sur 1 m^2.
  Combien pourra-t-elle mettre de plants de fraises dans son jardinet ?

  ....

  Réponse : ....

- Le marchand de bois vend des planches pour 2,40 euros le mètre courant.
  Il existe des planches de 1,80 m ; 2,10 m ; 2,40 m ; 2,70 m.
  Calcule le prix pour chaque longueur de planche.

  ....

  ....

  Réponse : ....

- Prix d'un voyage scolaire.
  La classe des Pommiers (5e année) est allée visiter l'exposition des dinosaures au Musée des Sciences Naturelles. Sachant qu'il y a 27 élèves en classe et 3 accompagnateurs et que l'institutrice a offert un smoothies à tout le monde, combien (en tout) a coûté cette excursion ?
  Vérifie avec ton professeur.

  ....

  ....

  Réponse : ....

28. Calcul mental : Diviser des nombres décimaux simples par un nombre naturel

1. **Résous.**

3600 : 4 = ...	4500 : 9 = ...	5600 : 7 = ...
3,6 : 4 = ...	4,5 : 9 = ...	5,6 : 7 = ...
0,36 : 4 = ...	0,45 : 9 = ...	0,56 : 7 = ...
0,036 : 4 = ...	0,045 : 9 = ...	0,056 : 7 = ...

2. **Effectue.**

0,6 : 1 = ...	0,18 : 3 = ...	0,024 : 3 = ...
0,6 : 2 = ...	0,18 : 6 = ...	0,024 : 4 = ...
0,6 : 6 = ...	0,18 : 9 = ...	0,024 : 8 = ...
4,8 : 4 = ...	7,2 : 3 = ...	3,6 : 3 = ...
0,48 : 4 = ...	0,72 : 3 = ...	0,36 : 3 = ...
0,048 : 6 = ...	0,072 : 6 = ...	0,036 : 6 = ...
0,048 : 8 = ...	0,072 : 9 = ...	0,036 : 9 = ...

3. **Attention aux zéros !**

7,35 : 7 = ...	4,8 : 6 = ...	15,2 : 5 = ...
8,64 : 8 = ...	5,6 : 7 = ...	18,3 : 2 = ...
9,81 : 9 = ...	7,2 : 8 = ...	16,2 : 4 = ...
16,02 : 4 = ...	63,014 : 7 = ...	18,048 : 6 = ...
25,02 : 5 = ...	36,012 : 4 = ...	20,016 : 4 = ...
4,03 : 2 = ...	28,035 : 7 = ...	18,072 : 9 = ...

4. **Plus difficile ! Séparer le dividende peut t'aider.**

17,2 : 4 = ...	16,055 : 5 = ...
14,4 : 3 = ...	19,044 : 4 = ...
20,4 : 6 = ...	14,847 : 7 = ...
31,8 : 6 = ...	5,469 : 3 = ...
30,87 : 7 = ...	6,042 : 6 = ...
31,59 : 9 = ...	5,135 : 5 = ...

5. **Résous.**

- Partage 7,2 kg de farine en six parties égales. Combien pèsera chaque partie ?
  Réponse : ....
- Papa a acheté huit arbres fruitiers. Il veut les planter en deux rangées égales dans le pré. Celui-ci mesure 16,64 m de profondeur. Le premier arbre de chaque rangée se trouve à deux mètres de la clôture. De combien de place dispose chaque arbre fruitier ?
  Réponse : ....
- Un maçon possède une série de poutres de 2,16 m. Il a besoin de 12 morceaux de 90 cm. Combien de poutres le maçon devra-t-il scier ?
  Réponse : ....

29. Calcul mental : Diviser un nombre naturel par un nombre décimal

Synthèse

$$: 0{,}5 = : \frac{5}{10} = : \frac{1}{2} = \times \frac{2}{1} = \times 2$$

: 0,1 → x	: 0,001 → x	: 0,25 → x ....
: 0,01 → x	: 0,5 → x	: 0,20 → x ....

1. **Résous. Nous travaillons avec des dixièmes. Effectue horizontalement.**

0,1 en 1 va **10** fois.	1 : 0,1 = ...	1 d va .... fois en 1.
0,2 en 1 va .... fois.	1 : 0,2 = ...	2 d va .... fois en 1.
0,5 en 1 va .... fois.	1 : 0,5 = ...	5 d va .... fois en 1.
0,1 en 10 va .... fois.	10 : 0,1 = ...	1 d va .... fois en 10.
0,2 en 10 va .... fois.	10 : 0,2 = ...	2 d va .... fois en 10.
0,5 en 10 va .... fois.	10 : 0,5 = ...	5 d va .... fois en 10.
0,1 en 100 va .... fois.	100 : 0,1 = ...	1 d va .... fois en 100.
0,2 en 100 va .... fois.	100 : 0,2 = ...	2 d va .... fois en 100.
0,5 en 100 va .... fois.	100 : 0,5 = ...	5 d va .... fois en 100.

2. **Nous divisons par des centièmes et des millièmes. Travaille de gauche à droite.**
Légende : c = centième - m = millième

0,01 en 1 va .... fois.	1 : 0,01 = ...	1 m va .... fois en 1.
0,02 en 1 va .... fois.	1 : 0,02 = ...	2 m vont .... fois en 1.
0,05 en 1 va .... fois.	1 : 0,05 = ...	5 m vont .... fois en 1.
0,25 en 1 va .... fois.	1 : 0,25 = ...	25 m vont .... fois en 1.
0,001 en 1 va .... fois.	1 : 0,001 = ...	1 m va .... fois en 1.
0,002 en 1 va .... fois.	1 : 0,002 = ...	2 m vont .... fois en 1.
0,005 en 1 va .... fois.	1 : 0, 005 = ...	5 m vont .... fois en 1.
0,025 en 1 va .... fois.	1 : 0,025 = ...	25 m vont .... fois en 1.

3. **Résous. Combien de fois ?**

0,1 en 10 ? .... fois	0,2 en 10 ? .... fois	0,5 en 10 ? .... fois
0,1 en 100 ? .... fois	0,2 en 100 ? .... fois	0,5 en 100 ? .... fois
0,1 en 5 ? .... fois	0,2 en 5 ? .... fois	0,5 en 5 ? .... fois

0,1 en 50 ? .... fois	0,2 en 50 ? .... fois	0,5 en 50 ? .... fois
0,1 en 70 ? .... fois	0,2 en 70 ? .... fois	0,5 en 70 ? .... fois
0,1 en 25 ? .... fois	0,2 en 25 ? .... fois	0,5 en 25 ? .... fois
0,1 en 36 ? .... fois	0,2 en 36 ? .... fois	0,5 en 35 ? .... fois

4. Lis attentivement et résous.

- Combien de fois 0,50 euro (50 cents) en 15 euros ?

....

Réponse : ....

- Combien de pièces de 0,02 euro (2 cents) pour deux euros ?

....

Réponse : ....

5. Écris le quotient.

30 : 0,2 = ...	60 : 0,05 = ...	45 : 0,001 = ...
200 : 0,1 = ...	65 : 0,01 = ...	105 : 0,001 = ...
28 : 0,1 = ...	128 : 0,01 = ...	275 : 0,001 = ...

6. Indique une croix si l'exercice est correct.

O 17 : 0,1 = 1700 : 10

O 500 : 0,5 = 50 : 5

O 60 : 0,01 = 6 x 100

O 2010 : 0,2 = 20100 : 2

O 91 : 0,001 = 91 x 100

O 205 : 0,5 = 410 : 10

7. Complète.

:	0,1	0,5	0,25	0,01
25				
200				
505				
1000				
2500				

30. Calcul mental : Prendre un pourcentage d'une grandeur ou d'un nombre

1. Complète.

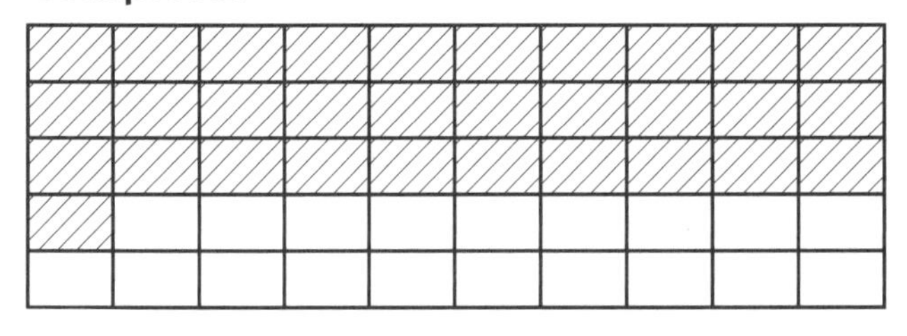

hachuré : .... % ; blanc : .... %

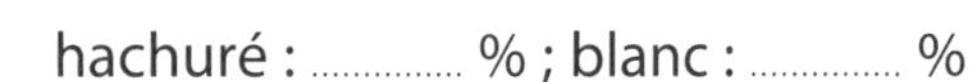

hachuré : .... % ; blanc : .... %

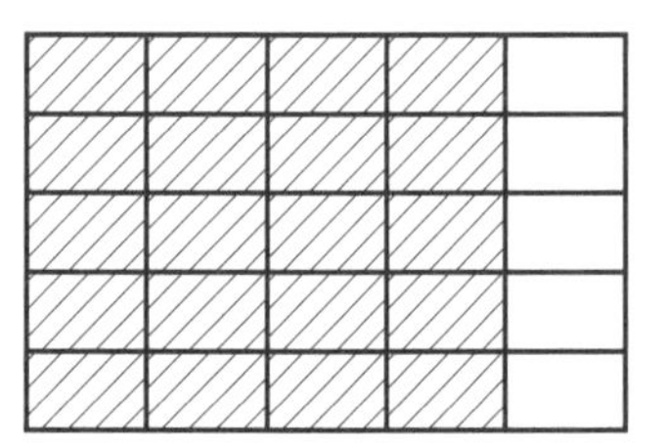

hachuré : .... % ; blanc : .... %

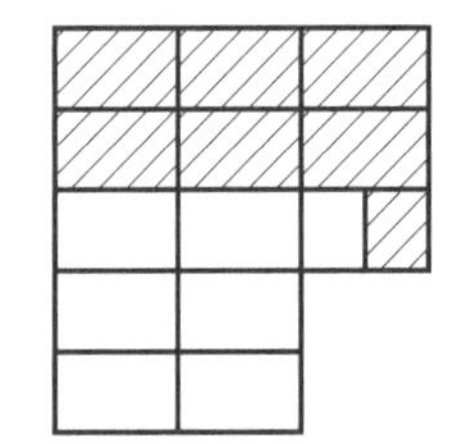

hachuré : .... % ; blanc : .... %

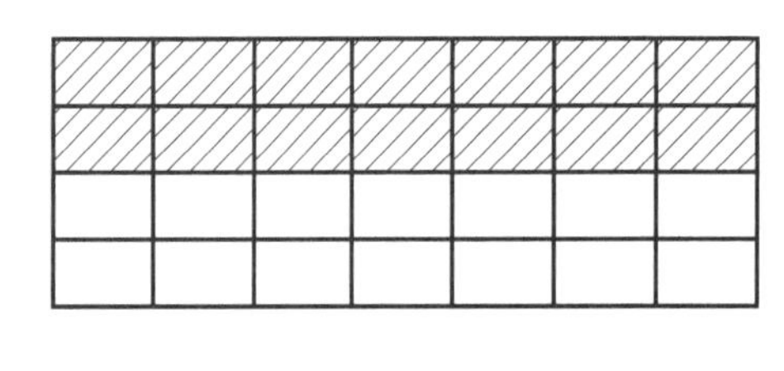

hachuré : .... % ; blanc : .... %

hachuré : .... % ; blanc : .... %

hachuré : .... % ; blanc : .... %

hachuré : .... % ; blanc : .... %

2. Complète.

31,5 sur 100 = ... % | 2 sur 5 = ... % | 8,3 sur 10 = ... % | 0,18 sur 2 = ... %

6,9 sur 10 = ... % | 2,5 sur 50 = ... % | 0,1 sur 10 = ... % | 0,4 sur 0,4 = ... %

40 % de 10 = ... | 50 % de 2000 = ... | 0,7 % de 50 = ...

4,5 % de 1000 = ... | 5,55 % de 100 000 = ... | 75 % de 1 = ...

3. Hachure le pourcentage demandé. Complète aussi en % la partie non hachurée.

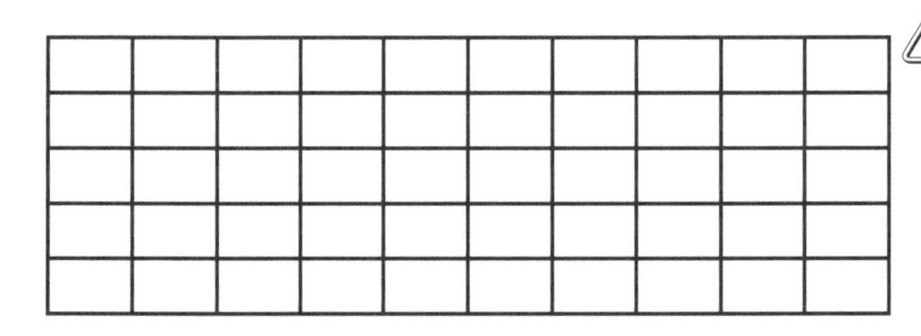

hachuré : 45 %
blanc : .... %

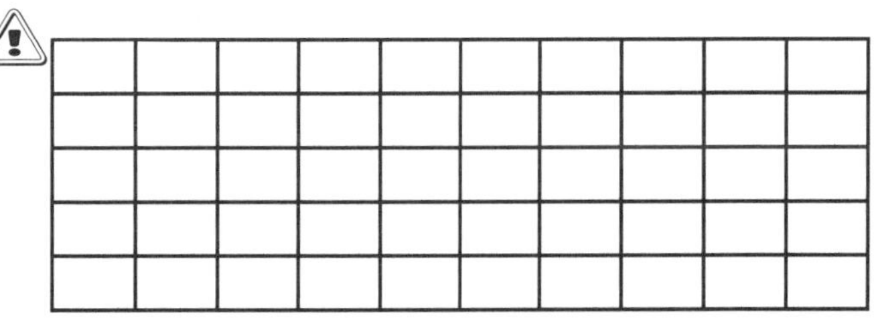

hachuré : 0,5 %
blanc : .... %

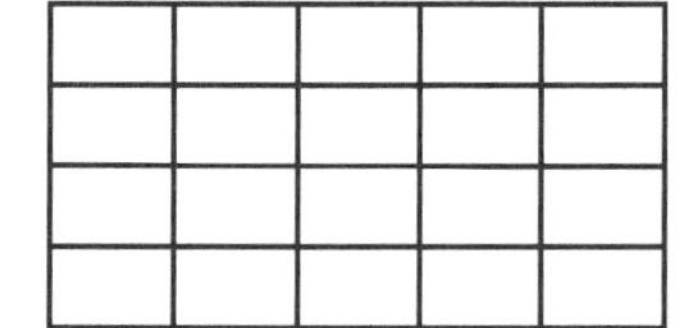

hachuré : 5 %
blanc : .... %

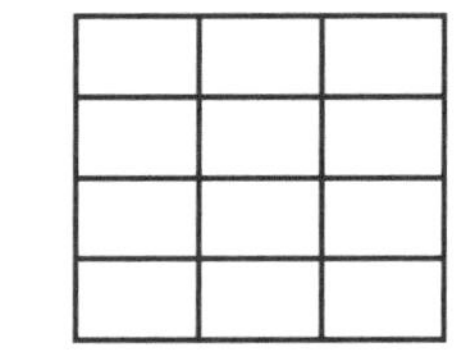

hachuré : 85 %
blanc : .... %

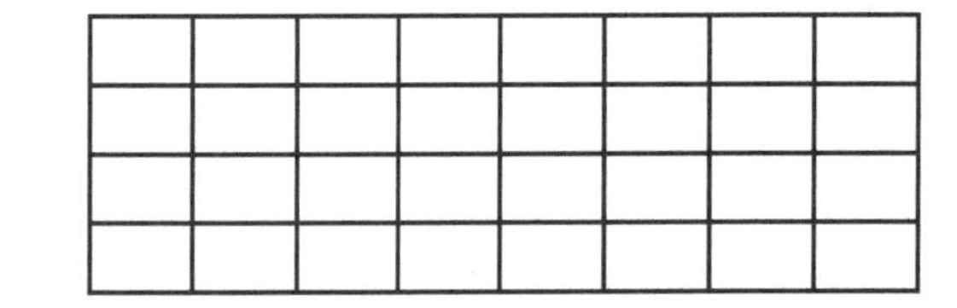

hachuré : 12,5 %
blanc : .... %

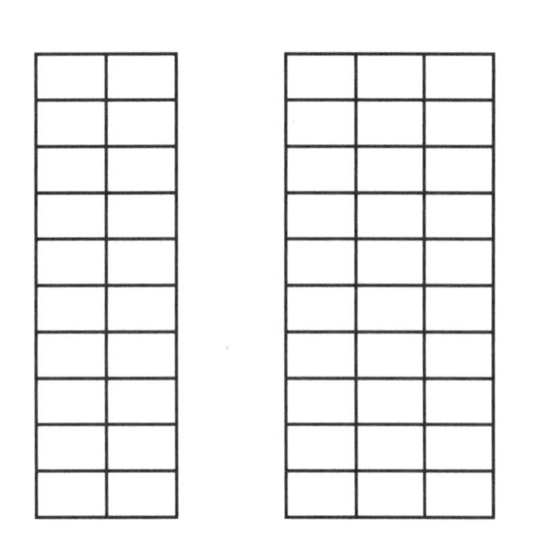

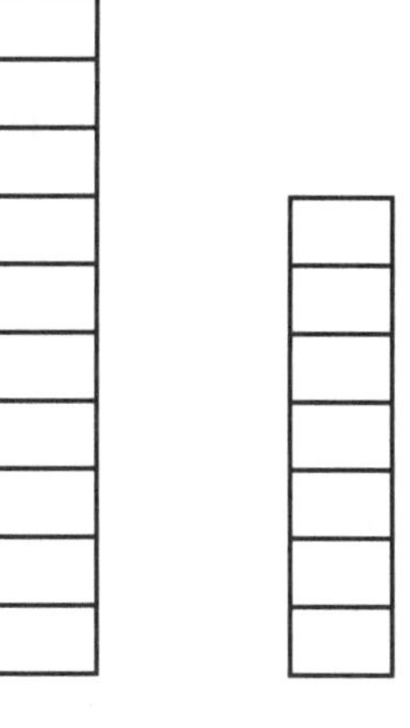

hachuré : 62,5 %	hachuré : 55 %	hachuré : 81 %	hachuré : 0,5 %	hachuré : 100 %
blanc : .... %	blanc : .... %	blanc : .... %	blanc : .... %	blanc : .... %

4. **Complète.**

3,7 % de 100 = ...	50 % de 9900 = ...	25 % de 1 000 100 = ...
7 % de 50 = ...	2,7 % de 300 = ...	25 % de 1001 = ...
7,5 % de 500 = ...	0,55 % de 12 = ...	25 % de 2 = ...
0,2 % de 80 = ...	50 % de 0,111 = ...	1/4 de 2 = ...
60 % de 1200 = ...	40 % de 0,1 = ...	0,25 x1 = ...
0,65 % de 10 = ...	1,75 % de 1000 = ...	25 % = 1/4 = ..., ...

5. **Résous.**

6,5 % de 100 = ...	2 % de 1 110 400 = ...	25 % de 100 000 = ...
3,25 % de 900 = ...	0,5 % de 4 004 000 = ...	27,5 % de 16 000 000 = ...
2,5 % de 4 = ...	0,2 = 1/5 = ... %	25 % de 0,5 = ...
50 % de 0,6 = ...	20 % de 1820 = ...	100 % de 0,001 = ...
50 % de 0,08 = ...	95 % de 266 500 = ...	3,50 % de 222 000 = ...

6. **Travailler à l'aide de bandelettes " pourcentage ".**
Un exemple :

- 400 personnes travaillent dans notre école. 90 % sont des élèves (él). 50 % de la population totale de l'école sont des hommes ou des garçons (m). 25% portent des lunettes (👓).

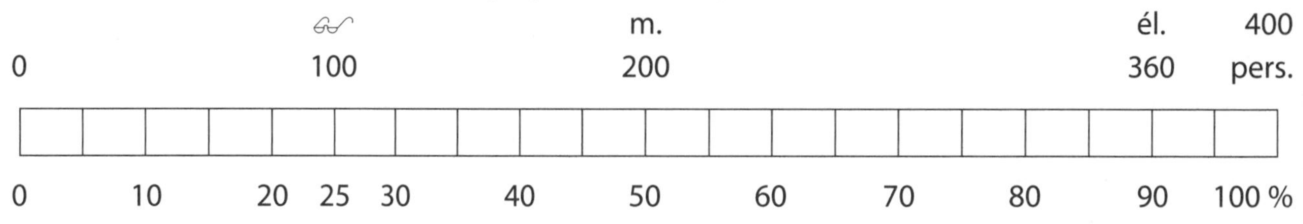

Conclusion : 100 personnes de l'école portent des lunettes. Il y a 360 élèves et 40 enseignants et autre personnel. 200 personnes sont de sexe masculin.

- À toi maintenant ! Utilise des couleurs.
  Éric a collectionné 800 timbres-poste : 20 % viennent d'Allemagne, 50 % de notre pays et 30 % des autres continents. (Choisis toi-même les abréviations.)

  Conclusion : ....

  ....

- D'un chargement de 2 000 tonnes de céréales, il y a 60 % de maïs ; 15 % de blé ; 20 % d'avoine et 5 % de céréales mélangées. Indique ces données sur la bandelette ci-dessous.

  Conclusion : ....

  ....

- Maman et papa vont au supermarché pour les courses du mois. Ils ont 40 kg de denrées alimentaires : 20 % de poisson, 30 % de viande, 15 % de légumes et 35 % d'autres denrées alimentaires. Indique les données sur la bandelette ci-dessous.

  Conclusion : ....

  ....

7. Résous.

20 % = 1/5 = 0,2	0,8 % = ... = ...	12,5 sur 100 = ...% = ...
10 % = ... = ...	0,05 % = ... = ...	0,95 = ...% = ...
50 % = ... = ...	2,55 % = ... = ...	0,125 = ...% = ...
40 % = ... = ...	0,75 % = ... = ...	65 sur 100 = ...% = ...

8. Lis attentivement et résous.

- Ce diagramme représente la population des États-Unis d'Amérique, arrondie à 290 000 000 d'habitants.

  Pourcentage de blancs ? .... %.

  Combien de personnes environ ?

  ....

  Pourcentage de noirs ? .... %.

  Combien de personnes environ ?

  ....

  Il reste donc environ .... % de personnes de races diverses.

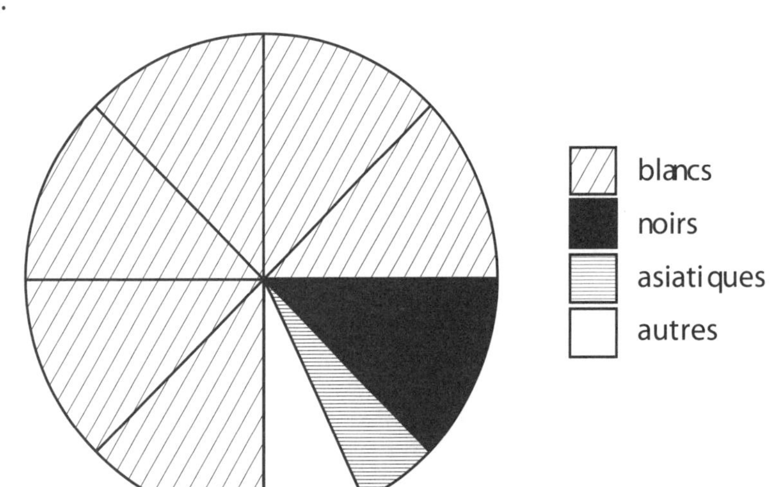

- Observe ce diagramme. Il représente la répartition des religions en Grande-Bretagne.

  Quelle religion compte le plus de croyants ?

  ....

  Combien de % ? ....

  Combien de catholiques ? ....

  .... % d'autres et

  .... % de musulmans.

  Quel pourcentage de non-croyants ?

  .... %.

  La Grande-Bretagne compte 60 100 000 habitants (arrondi).
  Combien de personnes pratiquent une religion ?

  Réponse : ....

Pourcentage

60
50
40
30
20
10
0

Anglicans
Musulmans
Catholiques
Autres groupes chrétiens

Croyants

200 m

50 m

échelle 1/2000

pommes
poires
cerises
terre en friche

- Ce verger a une superficie de 1 hectare.

  Quel pourcentage représente la partie plantée de pommiers ? .... %.

  Les poiriers occupent .... % de la superficie.

  Les cerisiers occupent .... % de la superficie et le reste sont des terres en friche.

  Exprime la superficie de ces terres en friche en m^2.

  Réponse : ....

- Observe bien ce mur et complète ensuite.

  L'armoire occupe .... %
  de la surface du mur.

  La porte occupe .... %
  de la surface du mur.

  Le tableau occupe .... %
  de la surface du mur.

- Dans le journal de Touring Secours, je lis des points intéressants pour les automobilistes. En voici quelques-uns :
  - 19 % des pannes sont des pannes stupides telles que : erreur de carburant, oubli de faire le plein, oubli des clés à l'intérieur du véhicule ;
  - 7 % : accident ;
  - 19 % : problèmes de batterie ;
  - 31 % : problèmes électriques ou électroniques ;
  - 24 % : ennuis mécaniques ;

  Établis le diagramme de ces données.

Pannes stupides																			
Accident																			
Batterie																			
Électricité																			
Mécanique																			
	0%	2%	4%	6%	8%	10%	12%	14%	16%	18%	20%	22%	24%	26%	28%	30%	32%	34%	36%	38%

- Voici un fût dont le couvercle est cassé. Ce fût est rempli en partie par de l'eau de pluie et en partie par de l'huile. Mesure et exprime en pourcentage et par une fraction les quantités d'eau et d'huile.

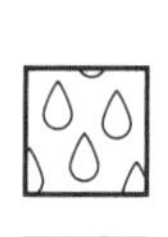

huile

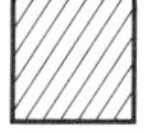

eau

  Quantité d'eau : .... % = $\frac{\cdot}{\cdot}$

  Quantité d'huile : .... % = $\frac{\cdot}{\cdot}$

  Imagine que le fût entièrement rempli contienne 300 ℓ.

  Calcule dès lors le nombre de litres d'eau et le nombre de litres d'huile.

  Réponse : ....

- capital inchangé pendant un an – Fiona – 140 € d'intérêts - capital 7 000 € - carnet d'épargne

Rédige un problème à l'aide de ces données et formule une question sensée.

....

Résous maintenant ton propre problème.

Réponse : ....

9. Coche chaque fois la ou les bonne(s) réponse(s).

- $\frac{4}{5}$ ou 80 % de 55 555 =
  - O 40 404
  - O 4444
  - O 44 444
- $\frac{4}{5}$ de 12 =
  - O 125 % de 12
  - O 1,5 fois 12
  - O 4 x 12 : 5
- 180 % de 12 000 =
  - O $\frac{9}{10}$ de 12 000
  - O $\frac{9}{5}$ de 12 000
  - O 180 000
- 1,5 x 800 =
  - O $\frac{2}{3}$ de 800
  - O 15 % de 800
  - O 15 x 800
- 21 % TVA sur 550 € =
  - O $\frac{1}{5}$ de 550 €
  - O 550 € : 21
  - O $\frac{21 \times 550 €}{100}$
- 100 =
  - O $\frac{10}{1000}$ de 10 000
  - O 1 % de 10 000
  - O 10 % de 10 000

31. Calcul mental : Évaluer et procédés d'évaluation

1. Julie participe à un concours. Si elle gagne, elle reçoit sa taille (150 cm) en CD. Comme elle est curieuse, Julie essaie d'abord de savoir quelle quantité de CD cela pourrait représenter.
Elle empile une série de boîtiers à côté d'une latte de 30 cm.
Cherche combien de CD environ elle pourrait gagner.
Écris ton raisonnement.

2. **Évalue la hauteur de cet immeuble à appartements.**
Les piliers qui soutiennent l'immeuble ont une hauteur équivalente à, à peu près, deux étages.
Indique comment tu trouves le résultat.

3. **Comment évalues-tu ? Discutes-en en groupe ! Plusieurs solutions sont possibles !**
   - Lors d'une fête scolaire d'une durée de trois heures environ, la moitié des 420 visiteurs boit une boisson rafraîchissante. Combien de bouteilles le comité de parents devra-t-il au moins commander ?
   - Le moniteur d'un mouvement de jeunesse aimerait savoir combien de friandises contient un sac de 5 kg. Doit-il les compter toutes ? Comment t'y prendrais-tu ?

4. La bibliothèque scolaire compte 3 528 livres. Le directeur achète de nouvelles étagères. Sur la photo, tu peux voir combien il y a de livres sur environ 1 m de largeur. Combien de mètres d'étagères devra-t-il au moins prévoir ? (calculette)

....

....

Pourquoi le résultat n'est-il qu'une évaluation et pourquoi ne peux-tu le calculer exactement ?

....

5. **Lis attentivement et résous.**

- Les élèves de 6B recoivent un curieux devoir. Ils doivent estimer combien de véhicules passent dans la rue de l'école en une heure.

  Max compte combien de véhicules passent dans la rue pendant cinq minutes et multiplie ensuite par .... pour évaluer le résultat.

  Michaël compte pendant quinze minutes et .... son nombre par quatre.

  À ton avis qui a évalué le plus correctement ? ....

  Pourquoi ? ....

5. **Réparer le mur en indiquant le nombre de briques manquantes.**

Réponse : .... briques

32. Calculer : Additionner : somme < 10 000 000 ; maximum 5 termes La preuve par l'opération inverse

1. **Résous. Effectue les opérations sur une feuille séparée.**

- Lors des Jeux Olympiques d'Athènes, 4 125 555 téléspectateurs ont suivi la cérémonie d'ouverture, 1 712 530 amateurs de sport ont regardé les épreuves d'athlétisme et 3 194 258 téléspectateurs ont admiré la cérémonie de clôture. Combien de téléspectateurs au total pour ces trois événements ?

Réponse :

- Le ring autour de Bruxelles est sans nul doute la route la plus fréquentée du pays. Ci-dessous, tu trouveras le nombre de véhicules qui ont emprunté le ring lors de la première semaine de mars et lors de la dernière semaine de vacances en août.

	mars	août
lundi	405 157	299 029
mardi	207 257	157 067
mercredi	204 047	205 107

	mars	août
jeudi	198 008	190 608
vendredi	387 507	357 489

Combien de véhicules lors de la première semaine de mars sur le ring ?

Réponse : ....

Combien de véhicules lors de la dernière semaine des vacances d'août ?

Réponse : ....

- Les recettes hebdomadaires de janvier d'une grande surface.

– première semaine : 1 351 674,15 €

– deuxième semaine : 2 157 059,47 €

– troisième semaine : 1 177 620,08 €

– quatrième semaine : 3 102 687,56 €

Recette totale pour le mois de janvier ?

Réponse : ....

- Voici les frais scolaires moyens subsidiés en Wallonie pour les enfants de la famille Dutrannoy :
  – Pour Marie, à l'école fondamentale : 7 024,99 €.
  – Dans l'enseignement secondaire, les frais pour Ken s'élèvent à 11 120,25 €.
  – Astrid, étudiante hautes études : 10 101,79 €.

Quels sont les frais totaux pour les trois enfants de la famille Dutrannoy ?

Réponse : ....

2. **Aligne correctement et résous.**

7 040 582 + 2 457 368
9 401 205 + 567 846 + 17 267
2 712 076 + 98 567 + 4867,12

6 403 007 + 554 337
8 412 354 + 78 555 + 3678
1 741 258 + 894 567,26

Comment faire la preuve de cette addition ?
Complète ces 3 possibilités :

2 457 368 .... 7 040 582 = 9 497 950
ou
9 497 950 .... 2 457 368 = 7 040 582
ou encore
9 497 950 – .... = 2 457 368

Exercices complémentaires

7 641 007,5 + 945 631,7
6 007 008,4 + 1 457 687,56
5 741 231 + 86 978,018

4 055 088 + 675 841
7 223 114,6 + 2 666 754,674
8 763 354,23 + 74 507,856

4 040 508,412 + 984 507,574
3 555 222,14 + 856 945,547

3. **Effectue et fais la preuve.**

- Pierre et Alexia assistent à un des concerts de Joe Cocker : 95 550 fans ont acheté un ticket. Un mois plus tard, 107 590 tickets ont été vendus pour la prestation de Tina Turner. Combien de tickets au total ont été vendus pour les concerts de ces deux stars internationales ?

  ....

  Réponse : ....

  Quels sont les deux exercices que tu peux effectuer pour contrôler si tu as calculé correctement ? Écris-les ci-dessous et ensuite, effectue-les.

  ....

- Maman a parcouru 107 597 km au volant de sa voiture. Le compteur kilométrique de la voiture de papa indique 177 769 km. Additionne ces deux kilométrages.

  ....

  Réponse : ....

  Quels sont les deux exercices que tu peux effectuer pour contrôler si tu as calculé correctement ? Écris-les ci-dessous et ensuite, effectue-les.

  ....

33. Calculer : Soustraire < 10 000 000
La preuve par l'opération inverse

1. **Résous. Effectue les opérations sur une feuille séparée.**

- En Angleterre, 7 251 740 personnes ont regardé une émission télévisée.
En Wallonie, 1 027 350 téléspectateurs ont regardé une émission similaire.
Combien de spectateurs de plus cette émission a-t-elle attiré en Angleterre par rapport à la Wallonie ?

Réponse : ....

....

- Sur le terrain d'une entreprise de construction, il y a 9 245 780 briques en stock.
749 550 briques sont acheminées vers un chantier.
Combien reste-t-il de briques en stock ?

Réponse : ....

....

- Toutes les villes d'art flamandes (Bruges, Gand, Louvain, Anvers, Malines, …) ont attiré ensemble l'année dernière 6 705 064 visiteurs.
Les villes d'art wallonnes (Liège, Namur) n'ont, par contre, attiré que 1 006 754 visiteurs.
Combien de visiteurs de plus pour les villes d'art flamandes ?

Réponse : ....

....

- Une foire commerciale attire chaque année beaucoup de visiteurs.
On y brasse donc aussi de gros montants.
L'année dernière, 84 056 361,45 € et cette année, 6 370 589,75 €.
Combien d'euros en moins cette année ?

Réponse : ....

....

2. **Aligne correctement et résous sur une feuille séparée.**

6 403 007 – 1 554 337
9 401 205 – 567 846
2 712 076 – 98 567
3 741 051 – 748 684,4
1 741 258 – 894 567,26
5 741 231 – 86 978,018

5 401 203,5 – 1 477 255,8
4 570 089,15 – 985 461,77
4 040 508,412 – 984 507,574
6 007 008,4 – 1 457 687,56
7 223 114,6 – 2 666 754,674
3 555 222,14 – 856 945,547

34. Calculer : Multiplier un nombre naturel par un nombre naturel < 100

1. **Résous. Fais les calculs écrits sur une feuille séparée.**

- 924 355 téléspectateurs en moyenne suivent quotidiennement le jeu "Le septante et un". Il y a cinq émissions par semaine. Combien de téléspectateurs au total par semaine ?

  ....

  Réponse : ....

- Lors du repas de communion de Mathilde, 148 membres de la famille ont participé au banquet. Les parents de Mathilde ont déboursé 48 euros par personne. Combien les parents de Mathilde ont-ils dû payer pour la fête ?

  ....

  Réponse : ....

- "Vers l'Avenir" est imprimé journellement à 138 805 exemplaires. Le mois dernier, le journal a été imprimé 23 jours. Combien d'exemplaires de ce journal ont-ils été imprimés le mois dernier ?

  ....

  Réponse : ....

- Depuis Halloween jusqu'au Nouvel An, 36 259 exemplaires d'un livre à succès ont été vendus. Prix : 18 € pièce. Quelle recette a été réalisée durant ces deux mois pour ce livre ?

  ....

  Réponse : ....

- Pour la construction d'une nouvelle résidence, un camion avec remorque transportant 206 452 briques doit effectuer douze livraisons. Combien de briques ont été livrées sur ce chantier ?

  ....

  Réponse : ....

2. **Aligne correctement et résous.**

17 x 215 023
853 951 x 12
86 207 x 39

7 x 1 002 408
22 x 187 058
19 x 89 407

Exercices complémentaires

46 x 23 053
14 087 x 38
483 874 x 19

87 x 5704
65 x 12 564
34 x 34 134

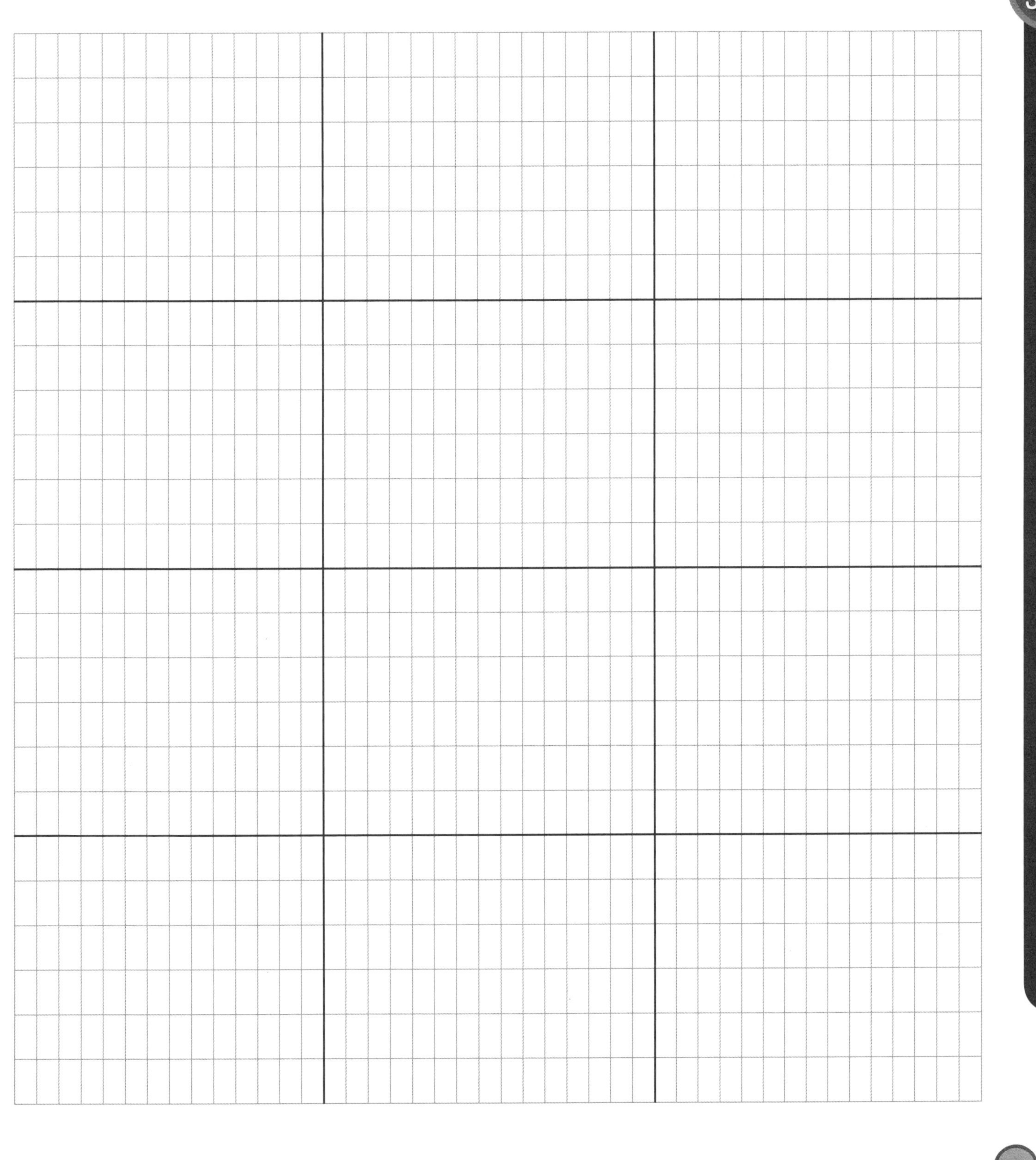

35. Calculer : Multiplier un nombre naturel par un nombre naturel < 1 000

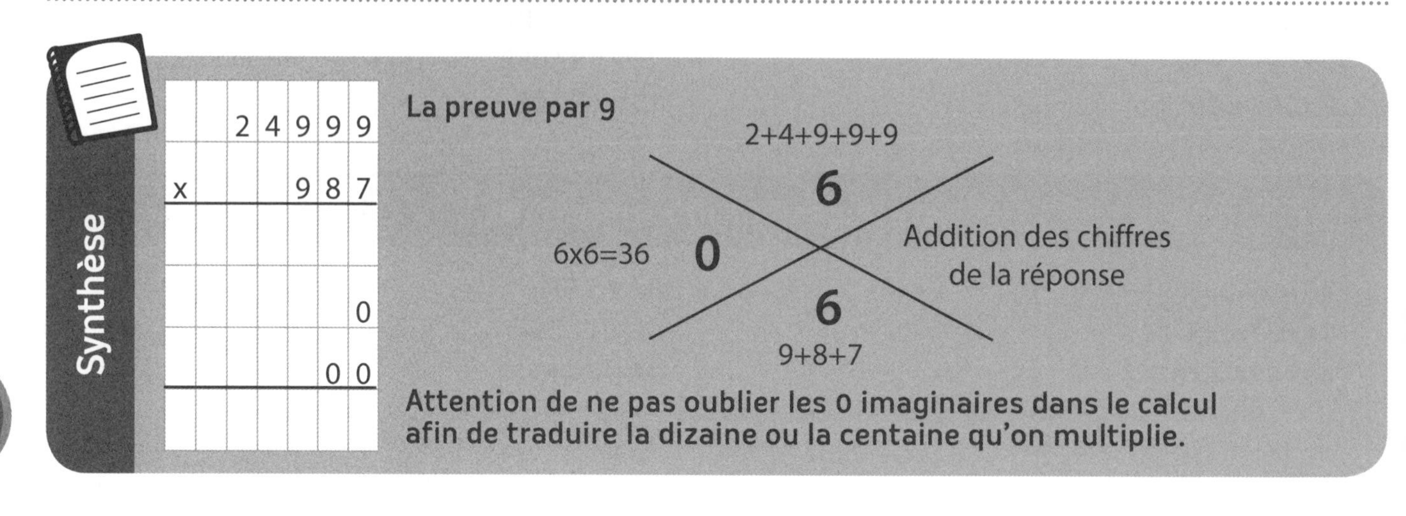

1. **Résous. Évalue d'abord. Fais la preuve par 9 pour vérifier la réponse.**

				9	0	0	9
	x				9	0	9

			2	3	4	5	6
	x				4	5	6

			9	0	5	6	3
	x				2	0	0

			3	0	4	0	5
	x				1	9	9

			2	0	9	8	7
	x				8	7	0

2. **Résous. Effectue les opérations sur une feuille séparée.**

– multiplie la somme de 320 et 199 par 450 réponse : ....

– multiplie la différence de 1 000 et 328 par 10 009 réponse : ....

– multiplie le produit de 90 et 6 par 2 348 réponse : ....

– multiplie le quotient de 54 000 et 6 par 402 réponse : ....

– calcule le produit de 6 045 et 729 réponse : ....

3. **Complète les chiffres manquants.**

				9	8	9	8	·	
			x			3	·	9	
			8	·	0	·	8	·	
		5	·	3	·	2	2		
+	2	·	6	·	6	·			
	3	6	5	2	6	2	0	3	

4. **Coche le seul calcul logique qui permet de faire rapidement une preuve fiable de cette multiplication.**

○ 36 526 203 : 369

○ 369 × 98 987

Le produit partiel 296961 correspond à 296961 U / 296961 D / 296961 C ? Souligne la proposition correcte.
Le 1 du report vaut 1U / 1D / 1C ? Souligne la proposition correcte.

36. Calculer : Multiplier un nombre décimal par un nombre naturel

1. **Résous. Effectue les calculs sur une feuille séparée.**

- Le samedi, dans une grande surface fort fréquentée, neuf caisses sont ouvertes.
  Pour chaque caisse, on trouve en moyenne 59 257,35 euros.
  Quelle est la recette totale du samedi ?

  ....

  Réponse : ....

- 58 259 membres d'un parti politique paient annuellement 9,85 euros de cotisation.
  Quel montant ce parti récolte-t-il annuellement ?

  ....

  Réponse : ....

- Un litre d'eurosuper coûte 1,539 euro. Gisèle met 58 litres dans son réservoir.
  Combien devra-t-elle payer son plein d'essence ?

  ....

  Réponse : ....

- "Microsoft" vend annuellement 68 946 programmes informatiques en Belgique.
  Chaque programme coûte en moyenne 98,59 €.
  Quelle recette "Microsoft" réalisera-t-il pour ces programmes ?

  ....

  Réponse : ....

- 1 450 685 cartes de vœux sont vendues annuellement au prix moyen de 2,15 € pièce.
  Quelle est la recette annuelle pour la vente de ces cartes ?

  ....

  Réponse : ....

- 137 coureurs cyclistes ont terminé le "Tour de France" l'année dernière.
  Chacun d'entre eux a parcouru une distance de 2 489,6 km.
  Quel kilométrage total pour ces 137 coureurs ?

  ....

  Réponse : ....

37. Calculer : Multiplier un nombre décimal par un nombre décimal

Synthèse

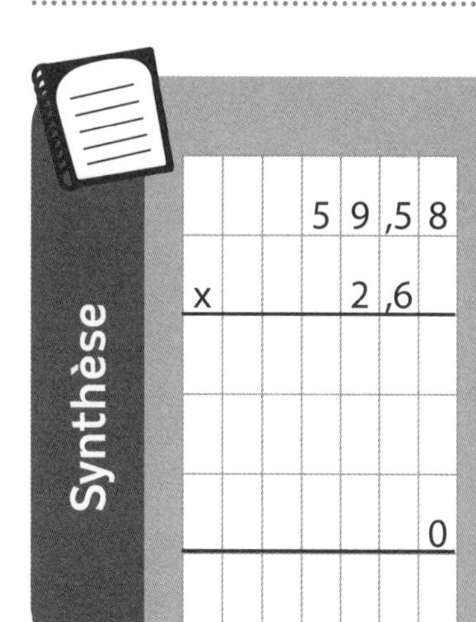

La virgule dans la multiplication écrite

→ 2 rangs derrière la virgule

→ 1 rang derrière la virgule

Ne pas oublier le 0 imaginaire pour exprimer la dizaine.
Ne pas utiliser de virgules dans le calcul

→ Additionner le nombre de rangs derrière les virgules dans l'énoncé.

2 + 1 = 3 rangs derrière la virgule dans la réponse.

1. **Arrondis jusqu'à l'unité supérieure ou inférieure et évalue le résultat.**
   Calcule ensuite et contrôle le produit à l'aide de ta calculette.

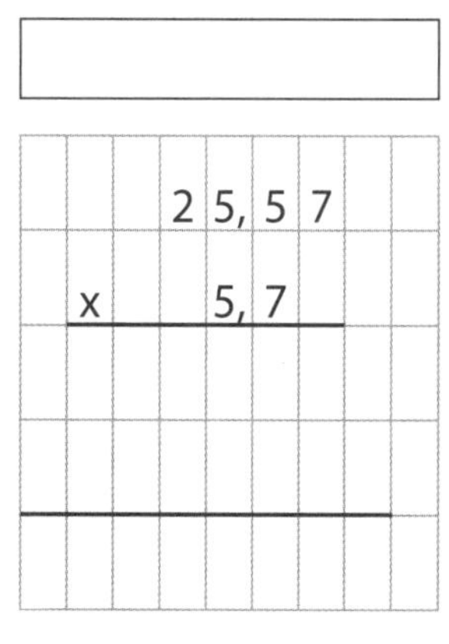

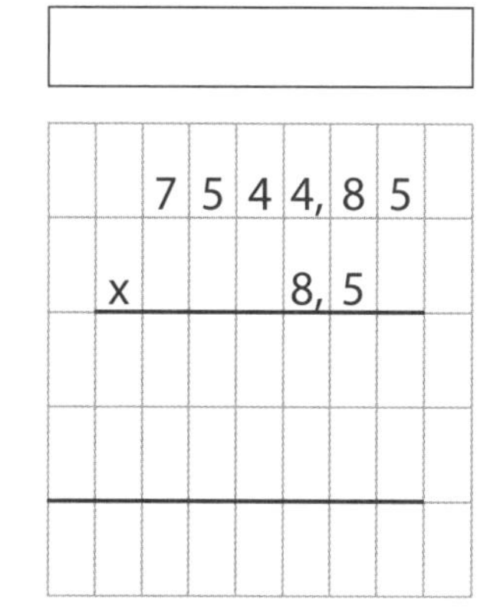

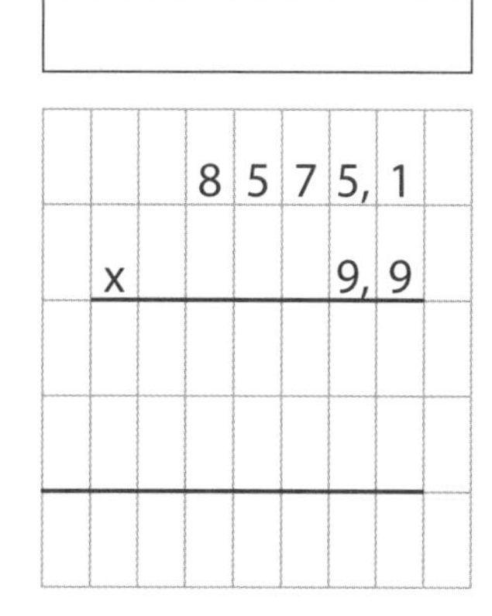

5 6 2 4, 5
x 0, 7 5

5 6 2, 4 5
x 7, 5 0

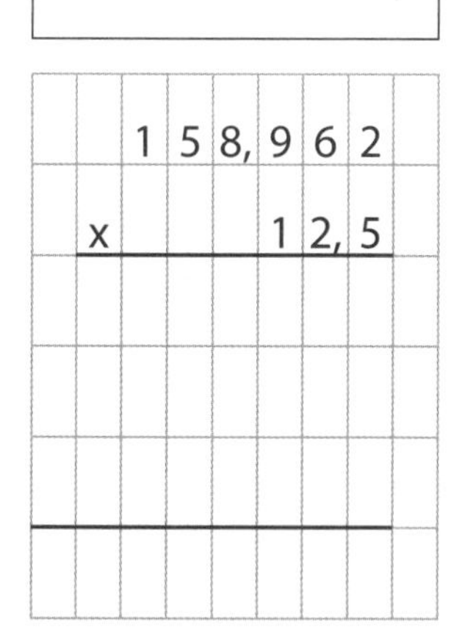

2 2, 2 5
x 2 2, 2

1 9, 8
x 1, 4 5

9, 6
x 0, 9 5

8 2 7, 5
x 1, 7 5

2 8 5, 5 9
x 7 7, 5

2. Coche le résultat correct.

478,33 x 12,75 =

- O 9087,075
- O 9 087 075
- O 908,7075
- O 908 707,5
- O 6098,7075

0,75 x 0,25 =

- O 1875
- O 1,875
- O 18,75
- O 0,1875

3. Lis attentivement et résous.

- Une caisse de pommes pèse 13,635 kg. La caisse vide pèse 1,135 kg.
  Un épicier vend les pommes à 1,36 euro le kg. Combien d'euros recevra-t-il ?
  Utilise ta calculette et n'oublie pas : pour l'euro, on arrondit jusqu'aux centièmes !

  ....

  Réponse : ....

- Le marchand de bois vend des lattes décoratives à 4,85 euros le mètre courant.
  Papa achète quatre lattes de 2,70 m. Combien devra-t-il payer ?

  ....

  Réponse : ....

- Pour scier des panneaux de bois, le marchand demande 3,50 € la minute. Guy fait scier quelques panneaux et ce travail dure 4 minutes et 15 secondes. Combien devra-t-il payer ?

  ....

  Réponse : ....

4. Observe ces exercices et repère les erreurs. Si nécessaire, refais l'exercice à côté !

			3	2	5,	8	4
	x				6,	7	
		2	2	8	0	8	8
		1	9	5	5	0	4
		4	2	3,	5	9	2

			7	5,	2	6
		x		8,	2	
		1	5	0	5	2
	6	0	2	0	8	
	6	1	7	1	3	2

5. Mon oncle pose un nouveau carrelage dans sa cuisine de 2,70 m sur 4,95 m.
Quelle superficie sera carrelée ?

....

Réponse : ....

38. Calculer : Diviser un nombre naturel par un nombre naturel ≤ 100

1. **Coche le seul calcul qui convient pour effectuer la preuve de cette division.**

138735	68
− 138	20106
073	
− 69	
45	
− 414	
36	
− 345	
15	

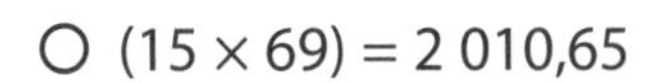

- ○ (15 × 69) = 2 010,65
- ○ 69 × 2 010,65 + 0,15
- ○ (138 735 : 2 010,65) – 0,15
- ○ (2 010,65 × 69) + 15

2. **Détermine le quotient des divisions suivantes au centième près.
Attention : parfois, il y a un reste !
Fais la preuve, mais n'oublie pas d'ajouter le reste !
Travaille sur une feuille séparée.**

138 735 : 69	64 725 : 41	58 623 : 11
42 784 : 45	53 125 : 30	84 278 : 56
100 000 : 90	25 815 : 45	78 635 : 4

3. **Nous divisons maintenant à 0,1 0,01 0,001 près.
Détermine le reste s'il y en a un. Fais la preuve.
Travaille sur une feuille séparée.**

- Jusqu'à 0,1 144 444 : 44
- Jusqu'à 0,01 784 356 : 52
- Jusqu'à 0,001 845 125 : 25 71 632 : 60

4. **Résous. Travaille sur une feuille séparée.**

- Le diviseur est 35 et le dividende 368 541.

  Le quotient entier est .... Le reste est ....

- Divise le nombre 200 000 diminué de 1 250 par 42.
  Calcule au 0,001 près et contrôle le résultat à l'aide de ta calculette.

  Réponse : ....

- Divise le produit de 37 et 42 par 18.
  Calcule au 0,01 près et contrôle le résultat à l'aide de ta calculette.

  Réponse : ....

39. Calculer : Diviser un nombre naturel par un nombre naturel ≤ 1 000

1. **Une représentation théâtrale coûte 465 euros pour l'ensemble des classes de sixième année. Il y a 75 enfants dans ces classes. Que doit payer chaque élève ?**

Réponse : ....

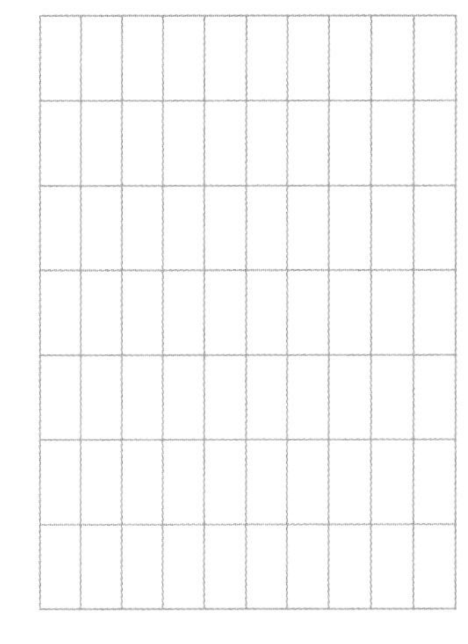

2. **D'abord une évaluation. Détermine le quotient des divisions suivantes. Attention : parfois il y a un reste ! Fais la preuve pour contrôler !**

11 125 : 125 =　　　　5152 : 92 =　　　　975 352 : 44 =

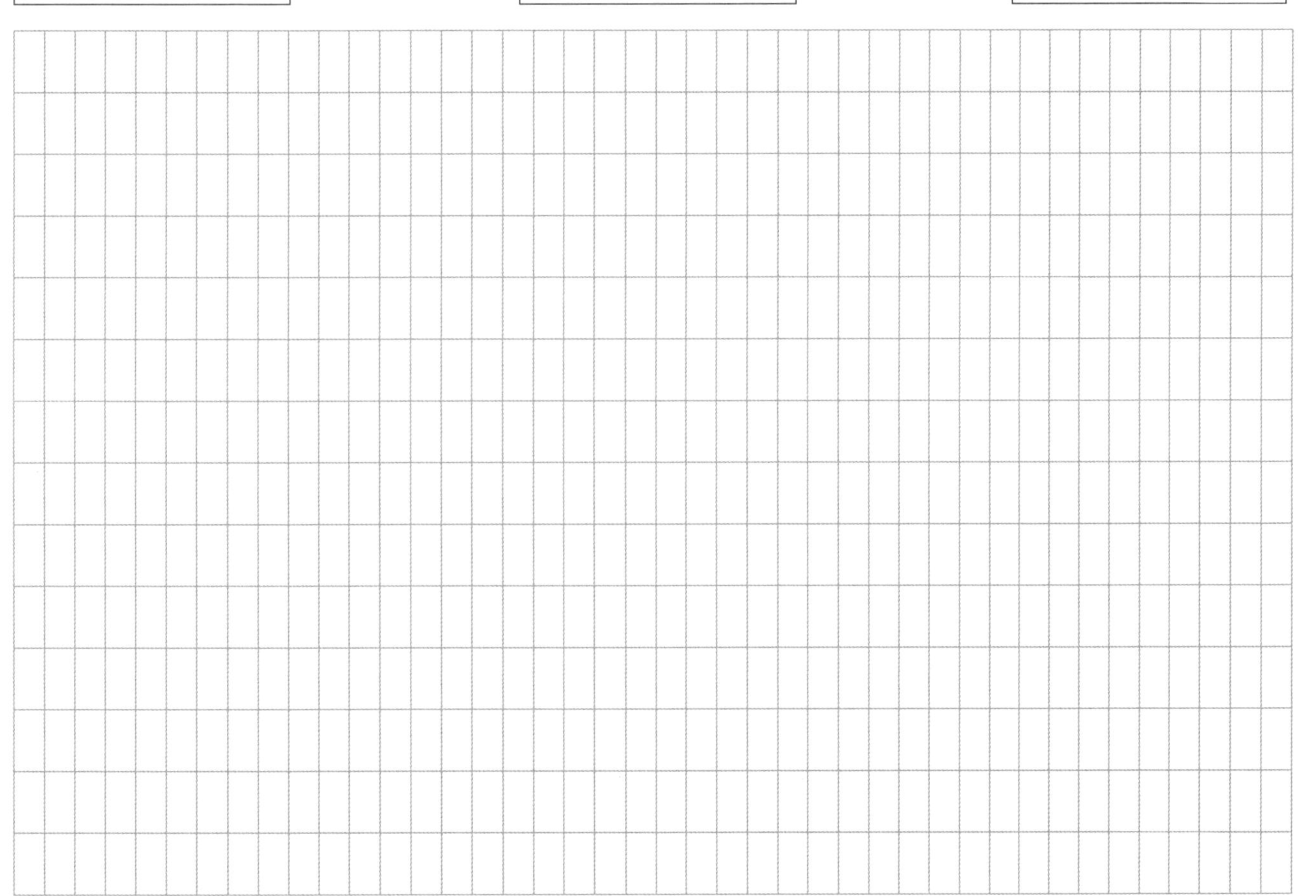

3. **Nous divisons à présent à 0,1 0,01 0,001 près.**
Détermine le reste s'il y en a un. Fais toujours la preuve pour contrôler.
Travaille sur une feuille séparée.

- Jusqu'à 0,1　　9277 : 50 =
- Jusqu'à 0,01　　742 : 438 =
- Jusqu'à 0,001　　52 945 : 134 =　　36 277 : 8 =

4. **Résous.**

- Le diviseur est 92 ; le dividende 687 413.

  Le quotient est .... Le reste est ....

- Voici les résultats scolaires de Thibault. Calcule la moyenne de ses résultats (à 0,01 près).

  Réponse : ....

BULLETIN

Classe : 6ème

Nom : Thibault

Branches	Total	1	2	3
Calcul mental	10	8		
Calcul écrit	10	9		
Connaissance des nombres	10	10		
Système métrique	10	7,5		
Orthographe	10	8		
Rédaction	10	5		
Savoir écouter	10	10		
Lecture	10	7,5		
Vocabulaire	10	8,5		
Éducation physique	10	7,5		
Sécurité routière	10	8		
Éveil-sciences	10	9		

- Le club de promeneurs “Bottines rapides” se rend en Autriche pour une durée de 14 jours. Au total, chaque promeneur parcourera 245 km. Combien de km marcheront-ils en moyenne par jour ?

  Réponse : ....

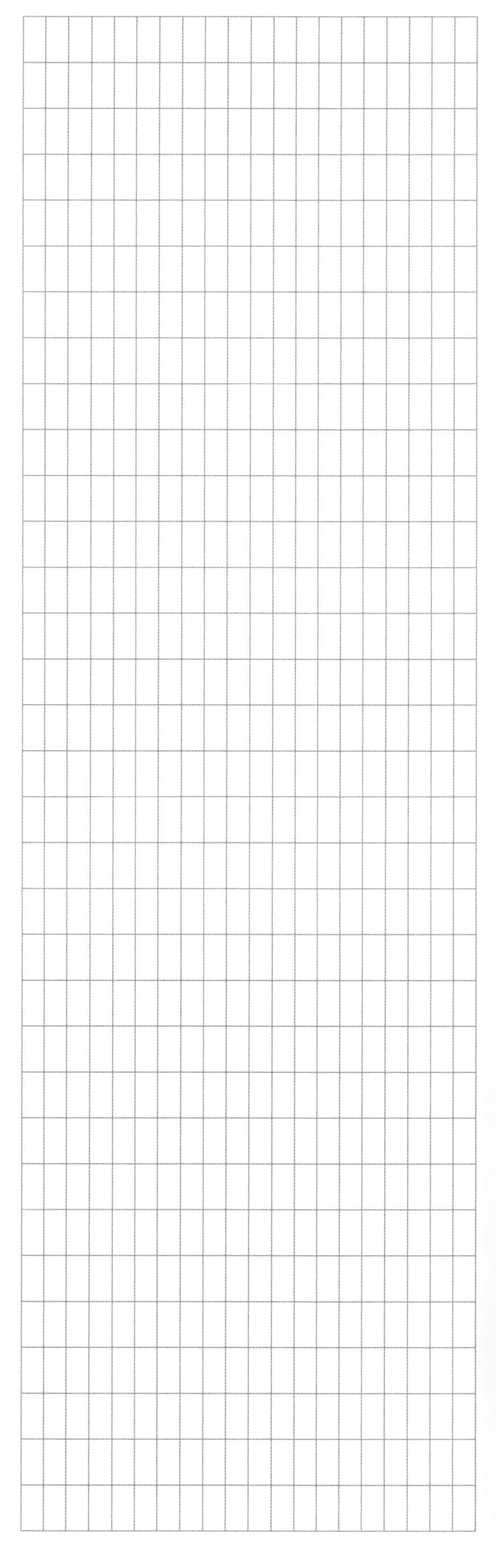

5. **Complète ce qui manque et ensuite souligne la réponse correcte.**

2 8 · 7, 1 ·	1 6
− 1 6	1 · 7, · 2
1 2 ·	
− 1 1 2	
1 1 7	
− 1 1 2	
5 1	
− 4 ·	
3 ·	
− 3 2	
0	r = …………

- **117**, c'est 117 U
  117 C
  117 M
  117 UM

1 4 8 · 9, 7 · 4	1 2 ·
− 1 2 8	1 1 · , · 6 ·
2 0 ·	
− · · ·	
7 8 9	
− 7 6 8	
2 · ·	
− 1 2 8	
8 9 ·	
− 7 6 8	
1 2 6 4	
− 1 2 5 6	r = …………
·	

- **768**, c'est 768 U
  768 d
  768 c
  768 m

8 · 5 7 · 9	7 5
− 7 5	1 · 1 4 ·
8 5	
− 7 5	
1 0 7	
− 7 5	
· · ·	
− 3 0 0	
2 8 9	
− 2 2 5	r = …………
6 ·	

- **75**, c'est 75 U
  75 D
  75 C
  75 UM

· 8 8 8 · 8, 2	9 9
− 8 9 1	9 · 8 8, 7
9 7 8	
− 8 9 1	
8 7 ·	
− 7 · 2	
8 6 8	
− 7 9 2	
· 6 2	
− 6 9 ·	r = …………
6 ·	

- **69**, c'est 69 U
  69 d
  69 c
  69 m

40. Calculer : Diviser un nombre naturel par un nombre naturel ≤ 1 000 000

1. **Dans le nouveau stade du club de football “FC Avanti”, 745 sièges ont été placés aux couleurs du club. Ces travaux ont coûté 25 635 euros au club.**
   Calcule, à un cent près, le prix d'un siège. Effectue les opérations sur une feuille séparée.

   ....

   Réponse : ....

2. **Détermine le quotient des divisions suivantes sur une feuille séparée. Écris le reste. Fais la preuve pour contrôler !**

- Jusque 1

685 714 : 265

q = ... r = ...

478 935 : 666

q = ... r = ...

- Jusque 0,1

847 242 : 630

q = ... r = ...

841 632 : 752

q = ... r = ...

- Jusque 0,01

7 345 765 : 542

q = ... r = ...

8640 : 531

q = ... r = ...

- Jusque 0,001

425 525 : 125 

q = ... r = ...

6 666 666 : 777 

q = ... r = ...

3. **Calcule. Entoure les réponses correctes. Attention : il peut y avoir plusieurs réponses correctes ! Travaille sur une feuille séparée.**

- 75 135 : 214 (à 0,01 près)

d = 75 135 | q = 351,9 | r = 1,74 | r = 174 | q = 351,09

- 53 680 : 148 (à 0,1 près)

q = 352,8 | r = 4 | r = 0,5 | q = 362,7 | r = 0,4

- 76 650 : 175

q = 440 | q = 438 | r = 1 | r = 0 | d = 175

- 33 749 : 250 (à 0,001 près)

q = 134,996 | r = 1,5 | q = 1359,96 | r = 0 | D = 33 749

41. Calculer : La compensation; Diviser un nombre naturel par un nombre décimal avec maximum trois chiffres derrière la virgule

1. Complète.

6000 : 2000 = ...	40 000 : 8000 = ...	30 000 : 600 = ...
600 : 200 = ...	4000 : 800 = ...	3000 : 60 = ...
60 : 20 = ...	400 : 80 = ...	300 : 6 = ...
6 : 2 = ...	40 : 8 = ...	30 : 0,6 = ...
0,6 : 0, 2 = ...	4 : 0,8 = ...	3 : 0,06 = ...

450 000 : 750 = ...	20 000 : 1250 = ...	7 500 000 : 25 = ...
....	....	....
....	....	....
....	....	....
....	....	....

2. Fais disparaître les virgules.
Écris comment tu procèdes.
Tu ne dois pas effectuer les divisions !

175 : 14,5 devient 1750 : 145 - je multiplie les deux nombres par 10.

402 : 10,5 devient ....

1100 : 1,5 ....

49 545 : 0,503 ....

586 : 0,25 ....

57 : 0,125 ....

4001 : 5,88 ....

3. Complète mentalement.

1 : 0,1 ou demander : combien de fois 1/10 dans 1 unité .... fois. 1 : 0,1 = ...

2 : 0,5 ou demander : combien de fois 1/2 dans 2 unités .... fois. 2 : 0,5 = ...

5 : 0,25 ou demander : combien de fois 1/4 dans 5 unités .... fois. 5 : 0,25 = ...

7 : 0,2 ....

9 : 0,1 ....

4 : 0,125 ....

3 : 0,75 ....

Synthèse

Il apparaît clairement dans cet exercice que :

"Le quotient d'une division ne change pas si les deux facteurs sont multipliés ou divisés par le même nombre".

Tu appliques cette propriété lorsque tu divises un nombre naturel par un nombre décimal.

En supprimant la virgule, une telle division devient une division ordinaire.

6 : 0,5 = 12
10 x ↓ 10 x ↓
60 : 5 = 12

155 : 0,15 = 1033,333
100 x ↓ 100 x ↓
15 500 : 15 = 1033,333

122 : 15,25 = 8
100 x ↓ 100 x ↓
12 200 : 1525 = 8

980 : 0,125 = 7840
1000 x ↓ 1000 x ↓
980 000 : 125 = 7840

4. **Effectue ces divisions jusqu'à 0,001. Supprime d'abord la virgule du diviseur. Fais chaque fois la preuve.**

520 : 2,6

444 : 25,2

502 : 0,26

5. Lis attentivement et résous. Écris les opérations et la preuve.

- Combien de morceaux de ruban de 0,125 m peux-tu couper d'un ruban de 6 m ?

  ....

  ....

  Réponse : ....

  ....

- Papa paie 48 € euros à la station-service.
  Le carburant coûte 1,539 € le litre.
  Combien de litres de carburant papa a-t-il mis dans son réservoir ?

  ....

  ....

  Réponse : ....

  ....

- L'institutrice achète un nouveau cahier pour les élèves de sixième.
  Elle paie 48 €. Un cahier coûte 0,75 €.
  Combien d'élèves y a-t-il en sixième ?

  ....

  ....

  Réponse : ....

  ....

- Le directeur de l'académie de musique achète un stock de cahiers de musique à 2,85 € pièce (réduction incluse). Il paie en tout 570 euros.
  Combien de cahiers le directeur a-t-il achetés ?

  ....

  ....

  Réponse : ....

  ....

42. Calculer : Diviser un nombre décimal par un nombre décimal avec un maximum de trois chiffres à 0,1 – 0,01 – 0,001 près

Synthèse

"Le quotient d'une division ne change pas si les deux facteurs sont multipliés ou divisés par le même facteur."

Applique cette propriété pour supprimer la virgule du diviseur.

Ex.

13,68 : 15,2 = 0,9
100 x ↓ 100 x ↓
1368 : 1520 = 0,9

9,8 : 0,615 = 15,934
1000 x ↓ 1000 x ↓
9800 : 615 = 15,934

1050 : 1,75 = 600
100 x ↓ 100 x ↓
105 000 : 175 = 600

2,043 : 0,6 = 3,405
10 x ↓ 10 x ↓
20,43 : 6 = 3,405

1. **Complète.**

50 : 50 = ...	4000 : 250 = ...	60 : 20 = ...
5 : 5 = ...	400 : 25 = ...	6 : 2 = ...
0,5 : 0,5 = ...	40 : 2,5 = ...	0,6 : 0,2 = ...
0,05 : 0,05 = ...	4 : 0,25 = ...	0,06 : 0,02 = ...
0,005 : 0,005 = ...	0,4 : 0,025 = ...	0,006 : 0,002 = ...

45 000 : 750 = ...	2000 : 1250 = ...	7500 : 250 = ...
....	....	....
....	....	....
....	....	....
....	....	....

2. **Résous, sur une feuille séparée, ces divisions jusqu'au 0,001 près. Supprime d'abord la virgule du diviseur.**

1050,2 : 2,6

4,284 : 25,2

0,502 : 0,26

3. Lis attentivement et résous. Effectue les opérations et la preuve sur une feuille séparée.

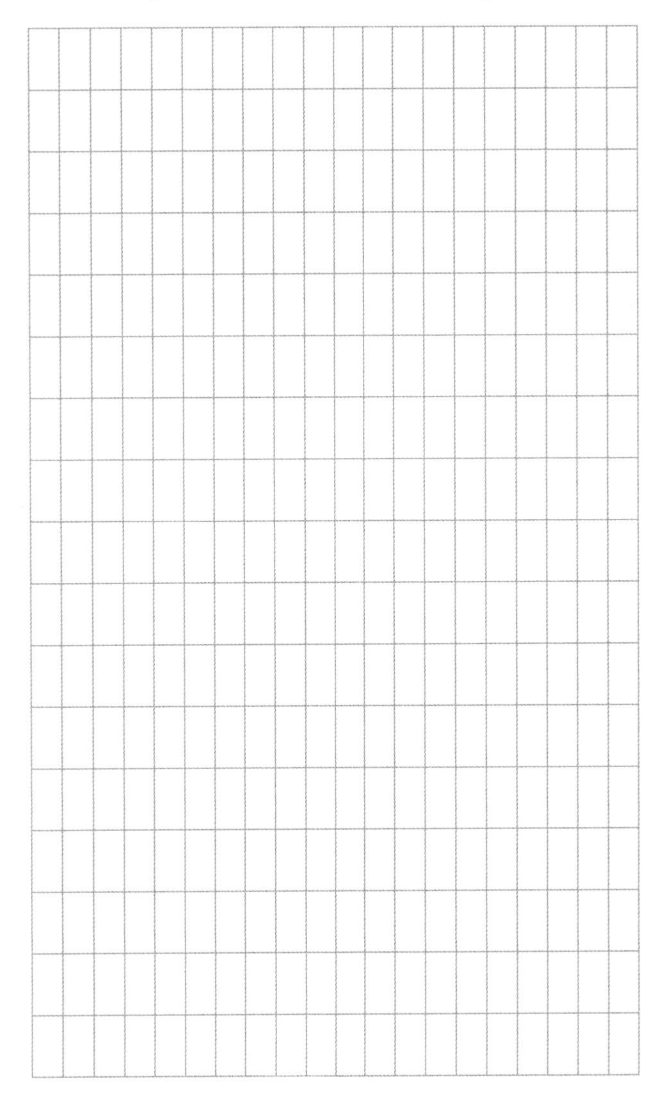

- Une nappe rectangulaire a une surface de 2,625 m^2. La largeur vaut 1,05 m. Calcule la longueur de cette nappe.

....

....

Réponse : ....

....

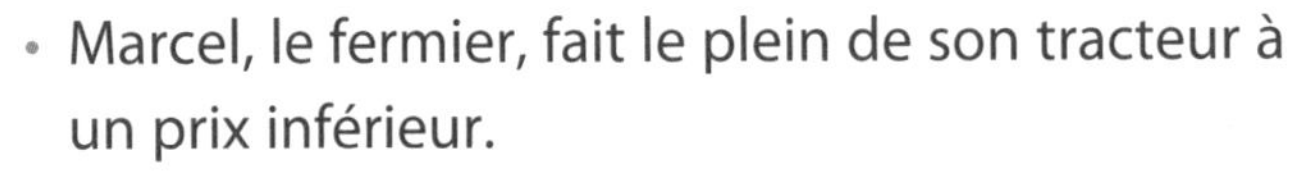

- Marcel, le fermier, fait le plein de son tracteur à un prix inférieur.
  Un litre coûte 0,772 €. Marcel paie 40,32 euros.
  Combien de litres a-t-il versés dans le réservoir de son tracteur ?

....

....

Réponse : ....

....

4. Exécute les opérations et tu découvriras la hauteur de ces montagnes.

Le Kilimanjaro en Afrique =	Le Tibesti au Sahara =	L'Everest dans le massif de l'Himalaya =	Le Fudsji au Japon =	Le Mont Blanc dans les Alpes =
.... m de hauteur.	.... m de hauteur.	.... m de hauteur.	.... m de hauteur.	.... m de hauteur.
10 000	8000	90 000	20 000	10 000
: 8	: 2	: 15	: 5	: 10
-150	- 3 x 15	+ 6 x 500	- 500	+ 500
x 6	- 500	- 2	+ 3 x 25	x 3
- 7 x 100	+ 2 x 5	-50	+ 1	+ 310
- 5	- 4 x 50	- 100	+ 4 x 50	- 3

43. Calculer : Diviser un nombre décimal par un nombre naturel ≤ 1 000

1. Évalue le résultat et calcule jusqu'à **0,01**. Contrôle le résultat à l'aide de ta calculette.

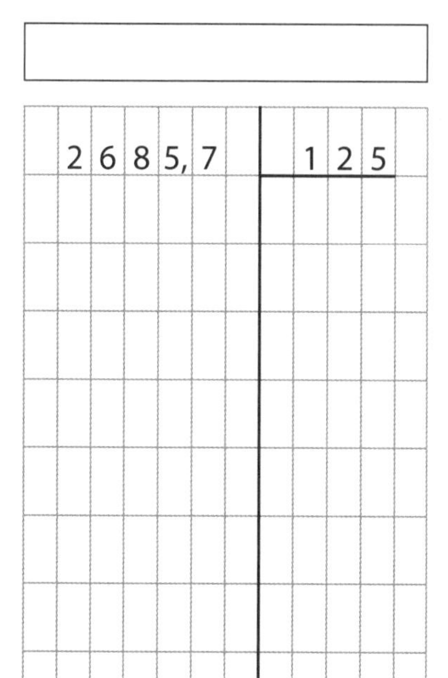

reste : ....

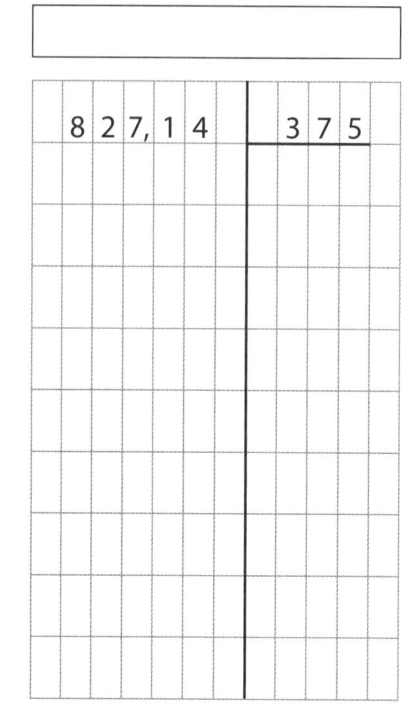

reste : ....

reste : ....

2. Évalue le résulat et calcule jusqu'à **0,001**. Contrôle le résultat à l'aide de ta calculette.

6 2 8, 4 | 2 7 6

reste : ....

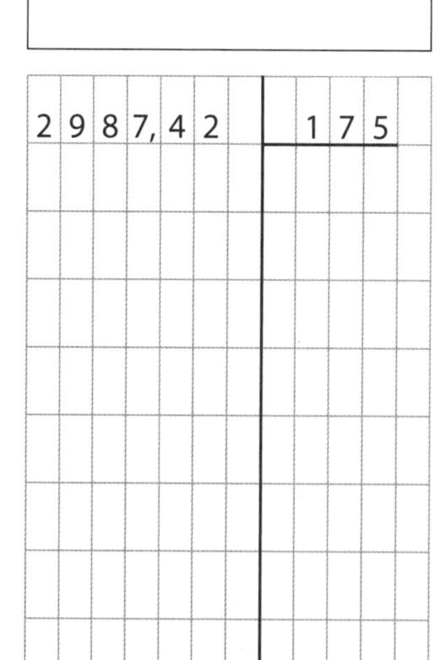

reste : ....

6 9 8 4, 4 7 | 8 4 9

reste : ....

3. **Lis attentivement et résous.**

- 772 spectateurs étaient présents samedi soir au festival "HOT ROCK". La vente des cartes (préventes comprises) a rapporté 26 904,20 euros. Combien chaque spectateur a-t-il payé en moyenne ?

  ....

  ....

  Réponse : ....

  ....

- Sur le parking, le nombre des voitures appartenait pour 25 % au nombre des spectateurs. Ensemble, ils ont payé 1 447,5 euros pour le parking. Calcule le prix d'un ticket de parking.

  ....

  ....

  Réponse : ....

  ....

- La TEC a acheminé 498 personnes au festival. À ton avis, sachant que le bus peut transporter 80 personnes, combien de bus ont été mis en circulation pour transporter ces personnes ?

  ....

  ....

  Réponse : ....

  En réalité, y aura-t-il eu plus ou moins de bus ?

  ....

- La buvette a fait une recette de 4 168,80 euros. Combien les spectateurs ont-ils dépensé en moyenne pour une boisson ?

  ....

  ....

  Réponse : ....

  ....

- Des barrières de sécurité avaient été commandées à l'administration communale pour une longueur totale de 1 500 m. Une barrière mesure 140 cm. Combien de barrières a-t-il fallu ?

  ....

  ....

  Réponse : ....

44. Travailler avec la calculette

1. **Indique une croix dans la colonne correspondante.**

	VRAI	FAUX
• Pour encoder des nombres supérieurs à 9 999, j'utilise des espaces comme dans mon cahier.		
• Pour encoder des nombres décimaux, j'utilise un point à la place d'une virgule.		
• Le contrôle des opérations à l'aide de la calculette n'est qu'une des possibilités pour les contrôler.		
• Pour les opérations ou le calcul des pourcentages à l'aide de la calculette, il est important d'évaluer d'abord.		
• Toutes les calculettes ne tiennent pas compte de la succession des opérations. Il faut d'abord le contrôler.		
• Lors de grandes multiplications, la lettre E apparaît. Cela signifie que le champ des nombres de ta calculette est insuffisant.		
• Lors d'un exercice avec des parenthèses, il faut d'abord effectuer ce qui se trouve entre les parenthèses et puis seulement le reste.		

2. **Utilise ta calculette. Évalue d'abord mentalement de manière sensée. Écris cette évaluation.**

a. Additionner

Lis l'énoncé.	Évalue.	Vérifie avec ta calculette.
25 503 + 7028 =	25 500 + 7000 = 32 500	32 531
52 929 + 99 802 =	....	....
7825 + 29 994 =	....	....
71,298 + 9992 =	....	....
3039,96 + 109,16 =	....	....
9038,75 + 9,875 =	....	....

b. Soustraire

Lis l'énoncé.	Évalue.	Vérifie avec ta calculette.
25 053 – 7128 =	25 000 – 7000 = 18 000	17 925
53 012 – 49 008 =	....	....
1 589 604 – 965 588 =	....	....
807,129 – 559 =	....	....
938 000,50 – 0,999 =	....	....
892 305 – 9919,51 =	....	....

c. Multiplier

Lis l'énoncé.	Évalue.	Vérifie avec ta calculette.
21 x 24 802 =	20 x 25 000 = 500 000	520 842
58 056 x 201 =	....	....
111 x 33 333 =	....	....
501 x 106,25 =	....	....
15 080 x 99,99 =	....	....
99 x 108,98 =	....	....

d. Diviser jusqu'au **0,001**

Lis l'énoncé.	Évalue.	Vérifie avec ta calculette.
4950 : 50 =	5000 : 50 = 100	99
900 420 : 26 =	....	....
1 995 925 : 7500 =	....	....
40 218,5 : 21 =	....	....
687 301,45 : 51 =	....	....
117,958 : 999 =	....	....

3. Calcule des pourcentages de différentes manières. Utilise chaque fois ta calculette. Coche ensuite la solution qui te semble la plus facile.

Ex. : Jean reçoit 36 % de réduction sur un montant de 2 400 €.
- 36 % de 2400 = (36 x 2400) : 100 = 86 400 : 100 = 864
- 36 % de 2400 = (2400 : 100) x 36 = 24 x 36 = 864
- 36 % de 2400 = 2400 x 36 et j'appuie sur la touche % = 864
- 36 % de 2400 = 0,36 x 2400 = 864

À toi !

O 23 % de 246 000 = (....................) : .... = ... : .... = ...

O 23 % de 246 000 = (....................) x .... = ... x .... = ...

O 23 % de 246 000 = ... et j'appuie sur la touche %

O 23 % de 246 000 = 0,23 x ....

O 125 % de 6000 = ...

O ....

O ....

O 125 % de 6000 = 1,25 x ....

O 187,5 % de 13 000 = 1,875 x ....

O ....

O ....

4. Utilise la méthode qui te semble la plus facile et complète.

Lis l'énoncé.	Calcule le pourcentage à l'aide de ta calculette. Écris ce que tu fais.
Exemples	
14 % de 20 000	20 000 x 14 et j'appuie sur la touche % = 2800
18 % de 3000	0,18 x 3000 = ...
25 % de 144 000	144 000 : 4 = ... (car 25 % = $\frac{1}{4}$)
37 % de 12 000	37 x 120 = ...
À toi maintenant !	
75 % de 282 000	....
12,5 % de 444 448	....
75 % de 10 110 000	....
22 % de 0,1	....
40,9 % de 300 000	....

11 % de 1111 0,55 % de 88 000 0, 006 % de 1000 94,75 % de 19 000 3 % de 2,505 99,99 % de 999 3,11 % de 31 100 800 % de 0,08 0,25 % de 20 000 100 % de 66 987	....

5. **Résous sans ta calculette.**

650 + 29,5 – 350 = ...

835 + 6045 – 65 = ...

7205 – 108 + 66 = ...

200 045 – 85 005 + 125 = ...

Synthèse

Dans les exercices sans parenthèses, avec seulement des additions et des soustractions, tu effectues les opérations de gauche à droite.

700 : 2 x 5 = ...

1000 : 25 : 10 x 3 = ...

350 x 10 : 2 = ...

600 x 30 : 2 x 0,5 = ...

Synthèse

Dans les exercices sans parenthèses, avec seulement des multiplications et des divisions, tu effectues les opérations de gauche à droite.

7 x 820 + 34 = ...

46 x 250 – 1000 = ...

25 + 10 x 95 = ...

10 000 + 400 x 3 = ...

Synthèse

Dans les exercices sans parenthèses, avec des multiplications et des additions et/ou soustractions, tu effectues d'abord la/les multiplication(s) et ensuite les autres opérations.

Donc : 300 – 4 x 6 = 300 – (4 x 6) = 300 – 24 = 276

49 : 7 + 466 = ...

6 + 50 : 10 – 8 = ...

950 – 360 : 9 = ...

15 444 : 66 + 66 = ...

Synthèse

Dans les exercices sans parenthèses, avec des divisions et des additions et/ou soustractions, tu effectues d'abord la/les divsion(s) et ensuite les autres opérations.

Donc : 300 – 24 : 6 = 300 – (24 : 6) = 300 – 4 = 296

(94 + 50) – (3 x 8) x 6 = ...

3700 – (49 : 7) x (1600 : 40) = ...

(40 – 11) x 4 : (8 : 4) = ...

3600 : 400 + (12 000 : 6000) = ...

Synthèse

Dans les exercices avec parenthèses, tu calcules d'abord ce qu'il y a entre les parenthèses et ensuite tu effectues les multiplications et les divisions et tu travailles de gauche à droite.

1. Résoudre des problèmes : Additionner et soustraire des fractions et des nombres décimaux

1. Partager des bâtons de chocolat.

Dans quel groupe les enfants reçoivent-ils le plus grand morceau ? ....

Dans quel groupe les enfants reçoivent-ils le plus petit morceau ? ....

Combien de chocolats les enfants du groupe 1 reçoivent-ils de plus / de moins que les enfants du groupe 2 ?

....

Combien de chocolats les enfants du groupe 2 reçoivent-ils de plus / de moins que les enfants du groupe 3 ?

....

Combien de chocolats les enfants du groupe 3 reçoivent-ils de plus / de moins que les enfants du groupe 1 ?

....

2. Partager des pizzas.

Trois pizzas sont partagées équitablement entre les cinq enfants de la famille Italiano.
Écris la part de chaque enfant, sous forme de fraction.

Chaque enfant reçoit .... pizza.

Deux pizzas sont partagées équitablement entre les six enfants de la famille Fabricimo.
Écris la part de chaque enfant, sous forme de fraction.

Chaque enfant reçoit .... pizza.

Dans quelle famille reçoit-on le plus grand morceau de pizza ? ....

Combien de plus ? ....

Quelle partie de pizza la famille Italiano devra-t-elle ajouter pour que chaque enfant ait une pizza entière ?

....

Quelle partie de pizza la famille Fabricimo devra-t-elle ajouter pour que chaque enfant ait une pizza entière ?

....

3. Joseph, le fermier, devient trop âgé pour exploiter sa ferme. Il décide donc de partager l'exploitation entre ses trois fils : Lucas, Mathéo et Tom et son unique fille Emma.
Il écrit une petite lettre à ses enfants :

Lucas, tu reçois $\frac{1}{5}$

Toi, Mathéo, tu reçois $\frac{1}{2}$

Tom, tu reçois $\frac{1}{10}$

Et toi, Emma, tu reçois le reste.

Partagez sans vous disputer,

Joseph

Représente par un dessin la part de chaque enfant.

Combien Lucas et Mathéo reçoivent-ils ensemble ? ....

Combien les trois hommes reçoivent-ils ensemble ? ....

Que reste-t-il pour Emma ? ....

Qui a reçu le plus ? ....

Qui a reçu le moins ? ....

Penses-tu que les enfants soient satisfaits du partage ?

....

4. **Les sœurs Van Loo affirment chacune que leurs tartes aux fruits sont les meilleures du monde. Ci-dessous, tu trouveras la quantité de fruits que chacune utilise dans sa recette.**

Wendy Van Loo

Un quart de poires

Un quart d'ananas

Un quart de bananes

Kim Van Loo

Un tiers d'ananas

Un tiers de groseilles

Un quart de pommes

Exprime les réponses par une fraction.

Quelle quantité d'oranges puis-je encore ajouter à la tarte aux fruits de Wendy ?

....

Quelle quantité d'oranges puis-je encore ajouter à la tarte aux fruits de Kim ?

....

Quelle tarte contient le plus de fruits ?

....

5. **Qu'est-ce qui ne va pas selon le boulanger ?**

....

....

6. **Pendant les soldes, Justine achète quelques vêtements à la mode chez "Trendies", son magasin préféré. En arrivant à la maison, elle veut comparer les prix normaux avec les prix payés pendant les soldes.**
Malheureusement, la pluie a effacé partiellement ses tickets de caisse.
Peux-tu l'aider pour ses comptes ?

ARTICLE	PRIX NORMAL	PRIX SOLDÉ	AVANTAGE
Jeans	.... euros	32,50 euros	7,45 euros
Chemise	46,55 euros	33,25 euros	....
Pull	64,30 euros	.... euros	13,99 euros
Veste	124,99 euros	68,88 euros	....
	TOTAL :	**TOTAL :**	**TOTAL :** ....

7. Prix moyens des carburants dans quelques pays européens (source : Touring 09/11/2012)

BELGIQUE	
Carburant	**Prix (en euros)**
Diesel	1,53
Super 95	1,64
Super 98	1,68

LUXEMBOURG	
Carburant	**Prix (en euros)**
Diesel	....
Super 95	1,35
Super 98	1,29

PAYS-BAS	
Carburant	**Prix (en euros)**
Diesel	1,53
Super 95	1,67
Super 98	....

FRANCE	
Carburant	**Prix (en euros)**
Diesel	1,48
Super 95	1,50
Super 98	1,53

ALLEMAGNE	
Carburant	**Prix (en euros)**
Diesel	1,50
Super 95	1,55
Super 98	....

ESPAGNE	
Carburant	**Prix (en euros)**
Diesel	1,38
Super 95	....
Super 98	1,50

Complète les données manquantes en t'aidant des affirmations suivantes :

- Au Luxembourg, le diesel coûte 0,34 euro de moins que la super 95 en Allemagne.
- En Espagne, la super 95 coûte 0,15 euro de moins que la super 95 en France.
- En Allemagne, la super 98 coûte 0,04 euro de moins que la super 98 en Belgique.
- Aux Pays-Bas, la super 98 coûte 0,14 euro de plus que la super 95 en Belgique.

Calcule la différence de prix des carburants entre :

• France et Espagne :	• Pays-Bas et Luxembourg :	• Allemagne et Belgique :
Diesel : .... Super 95 : .... Super 98 :	Diesel : .... Super 95 : .... Super 98 :	Diesel : .... Super 95 : .... Super 98 : ....

- Quel pays est le plus avantageux pour faire le plein ?

....

2. Résoudre des problèmes : Multiplier et diviser des nombres décimaux

1. **Calcule le prix ou la quantité.**

- Combien de litres de lait dans 12 bouteilles de 0,20 litre chacune ?

 ....

 Réponse : ....

- Un mètre de tissu pour rideaux coûte 29,72 euros. Combien paiera ma tante pour 16,5 m ?

 ....

 Réponse : ....

- Une bouteille de vin rouge coûte 14,95 euros.
 Calcule le prix d'une caisse de 12 bouteilles.

 ....

 Réponse : ....

- Pour du thé noir, tu paies 1,56 euro pour 50 g au supermarché.
 Prix d'un kg ?

 ....

 Réponse : ....

- Un terrain à bâtir mesure 7,35 m sur 35,6 m. Calcule la superficie de ce terrain.

 ....

 Réponse : ....

- Le diesel coûte 1,539 euro le litre. Mon oncle Victor remplit son réservoir avec 60,4 litres.
 Combien devra-t-il payer ?

 ....

 Réponse : ....

2. **Résous.**

- Ma tante Marie a 6 380 euros sur son livret d'épargne. Après un an, elle reçoit 1,75 % d'intérêts.
 Calcule l'intérêt annuel.

 ....

 Réponse : ....

- Le côté d'un carré mesure 17,7 cm. Calcule la superficie de ce carré.

 ....

 Réponse : ....

- Catherine effectue quelques achats dans son magasin de quartier. Complète le ticket de caisse.

LISTE DE PRIX
prix en euros par kg

Prunes bleues	1,34
Bananes	2,30
Poires	1,84

PROFI

CAISSE 5

Prunes bleues 1,5 kg

.... = ...

Bananes 3,7 kg

.... = ...

Poires 6,5 kg

.... = ...

3. Retour à l'unité.

- Un triangle équilatéral a un périmètre de 0,681m. Calcule la longueur d'un côté.

....

Réponse : ....

- Papa aime le cabillaud mais celui-ci coûte 18,40 euros le kg chez le poissonnier.
  Il achète une tranche et paie 7,36 euros. Cherche la masse de cette tranche de cabillaud.

....

Réponse : ....

4. Résous aussi ceci.

- Les élèves de 6A vont en voyage et doivent payer au total 215,80 euros, ce qui représente 8,30 euros par élève. Combien d'élèves de 6A partent en voyage ?

....

Réponse : ....

- Le prix du m² d'une prairie est de 26,50 euros. Au total, il faut payer 11 660 euros.
  Quelle est la superficie de cette prairie ?

....

Réponse : ....

- Calcule la moyenne des nombres suivants :
  45,23 9875,023 508,56 0,187

....

Réponse : ....

- À l'achat d'une table de salon de 236 euros, Mr. Piérard obtient une réduction de 7,5%.

....

Réponse : ....

- Le périmètre d'un carré est de 50,56 m. Combien mesure un côté ?

....

Réponse : ....

3. Résoudre des problèmes : Multiplier et diviser des fractions

1. **Pour son anniversaire, Nathalie veut faire des crêpes. Il y a 23 enfants dans sa classe et elle veut donner deux crêpes à chacun. Bien entendu, elle ne peut oublier son institutrice.**
Combien Nathalie aura-t-elle besoin d'ingrédients ?
Écris–le ci-dessous et simplifie les fractions le plus possible !

Ingrédients pour 6 crêpes
- $\frac{1}{8}$ kg de farine
- 2 œufs
- $\frac{1}{5}$ litre de lait
- 2 cuillères d'huile

....

....

Écris maintenant les quantités en grammes ou en cl.

....

2. **Complète. Rends les fractions irréductibles et extrais-en les unités.**
- Le double de 3/4 c'est ....
- Sept fois 2/16 c'est ....
- Le quart de 3/8 c'est ....
- Le quadruple de 2/3 c'est ....
- La moitié de 1 et 1/3 c'est ....
- Le huitième de 2/6 c'est ....
- Cent fois 1/4 c'est ....
- Un sixième de 4/6 c'est ....
- 4/7 multiplié par 6 c'est ....
- La moitié de 1/3 c'est ....

3. **Lis attentivement et résous.**
- Jean est négociant en vins. Il remplit 60 bouteilles de 3/4 de litre de vin rouge.
Combien de litres de vin reste-t-il d'un tonneau de 50 litres ?

....

Réponse : ....

Combien de bouteilles pourra-t-il encore remplir avec le reste ?

Réponse : ....

- Un tonnelet d'huile est encore rempli aux 4/5. Younes remplit huit bouteilles d'un demi-litre avec le contenu du tonnelet. Combien de litres contenait le tonnelet plein ?

....

Réponse : ....

4. Résous.

- Extrait de presse : *"Hier, un camion transportant 100 casiers de lait a perdu deux cinquièmes de son chargement sur la E 314. Les services de secours ont eu besoin de deux heures pour nettoyer la route. Il semble malgré tout qu'un huitième des bouteilles tombées sur la chaussée étaient encore intactes".*
  Combien de casiers peut-on encore remplir avec ces bouteilles intactes ?

  ....

  Réponse : ....

- Quatre septièmes des élèves de la classe sont des garçons. La moitié d'entre eux portent des lunettes. Combien d'élèves de cette classe portent des lunettes sachant qu'il y a 21 élèves dans cette classe ?

  ....

  Réponse : ....

- Dans un bois de 16 ha, on déboise des sapins sur 1/8 de la superficie.
  3/4 de la superficie ainsi libérée est replantée. Quelle superficie reste en friche ?

  ....

  Réponse : ....

- Pendant les soldes, on peut acheter des chemisiers à 3/5 du prix, à la "Boutique de Julie".
  Durant la dernière semaine des soldes, le vendeur diminue encore le prix de moitié.
  Quelle partie du prix de départ paies-tu encore ? (le prix de départ est le prix avant les soldes !)

  ....

  Réponse : ....

- Il y a 1/5 de litre dans un berlingot de jus de fruits. Ce berlingot coûte 0,45 euro. Un carton d'un litre de ce même jus de fruits coûte 1,20 euro. Combien paieras-tu de moins si tu achètes le carton ?

  ....

  Réponse : ....

  Et pourtant, la maman de Jean achète malgré tout les petits berlingots. Pourquoi fait-elle cela ?

  ....

  Connais-tu une solution plus économique ?

  ....

4. Résoudre des problèmes avec des nombres naturels

1. **Pose une question correspondant à chaque situation proposée.**
Choisis l'opération qui te permettra d'y répondre ; recopie-la et effectue le calcul.

93 – 45	93 : 45	45 : 3	48 + 45	93 + 45	93 + 48	93 × 45

- Pour le goûter des aînés, Mamy a cuit des galettes. Il y en a 48 aux raisins et 45 au sucre.

  → ....

- Nicolas distribue des affichettes pour un spectacle de mimes.
  Il en avait reçu 93 ; il lui reste en mains 45.

  → ....

- Le boulanger avait cuit 93 pains. Il en sort encore 48 du four.

  → ....

- Pour des touristes, Marie prépare 45 portions de frites ; elle les répartit sur 3 tables.

  → ....

2. **Lis attentivement et résous.**

- Les trois enfants d'une famille comparent leurs bulletins. Marie, l'aînée, a obtenu 729 points sur un total de 900. Éric a obtenu 640 points sur un total de 800 et Élise, la cadette, a obtenu 270 points sur 300.
  Lequel des trois a obtenu le meilleur résultat ?

  ....

  Réponse : ....

  Combien de points Marie aurait-elle dû avoir de plus pour atteindre 90 % ?

  ....

  Réponse : ....

  Est-ce honnête de comparer ces résultats ? Pourquoi oui ? Pourquoi non ?

  ....

  ....

- Un meunier obtient 75 kg de farine avec cent kilos de blé.
  Le boulanger a besoin en moyenne de 100 kg de farine pour 150 kg de pain.
  Combien de kg de pain le boulanger peut-il produire avec 250 kg de blé ?

  ....

  ....

  ....

  Réponse : ....

- Invente un problème avec une division dans l'énoncé. Utilise le nombre 369 275 et dans la phrase-réponse, il faut retrouver le nombre 73 855 comme réponse !

....

....

Réponse : ....

3. Complète cette facture et réponds ensuite aux questions.

VINS ET LIQUEURS - NÉGOCIANT GROS ET DÉTAIL - MAISON DOUBLEVIE
LITRON, 78 8880 SAINTE-BOUTEILLE
COMPTE BANCAIRE N° 345 - 6789101 - 12

Sainte-Bouteille, le 10 décembre

À Monsieur Van Linden
Commerçant

Facture
Pour livraison de :

Date livraison	*quantité*	*détail*	*prix par bouteille*	*prix*
13.11.12	12 bouteilles	liqueur	30,00 €	.... €
20.11.12	24 bouteilles	champagne	35,00 €	.... €
01.12.12	48 bouteilles	vin blanc extra	19,00 €	.... €
	.... bouteilles	vin rouge extra	21,00 €	1008,00 €
05.12.12	72 bouteilles	mousseux	.... €	648,00 €
10.12.12	60 bouteilles	vin de pays	.... €	240,00 €

Total : ...., ... €
Ristourne : 118,00 €

À payer pour le 20 décembre : ...., ... €

- Combien de bouteilles ont été livrées au total ?

....

Réponse : ....

- Oncle Gilbert achète une bouteille de liqueur et une bouteille de champagne chez Van Linden.

Coche ce que l'oncle va devoir payer :
- ○ 65 euros exactement.
- ○ un euro de moins pour la réduction.
- ○ beaucoup moins… c'est la fin de l'année.
- ○ plus… le commerçant doit faire un bénéfice.

4. Résous.

Lucie et Lucas ont ensemble 490 images d'animaux. Lucie cède quinze images à Lucas. Immédiatement après, Lucas donne 45 images à Lucie. Maintenant, ils ont le même nombre d'images. Combien d'images avaient-ils chacun avant l'échange ?

....

Réponse : ....

5. Résoudre des problèmes comprenant des fractions

1. **De la totalité des bateaux du port de plaisance, 1/3 sont des voiliers (tous des Pays-Bas). Le reste sont des bateaux à moteur. Deux tiers des bateaux à moteur viennent des Pays-Bas et le reste de Belgique. Quelle partie du nombre de bateaux à moteur vient de Belgique ?** (Pour ta facilité tu peux faire un dessin !)

   ....

   Réponse : ....

2. **En 2012, en Belgique, $\frac{51}{100}$ des voitures roulaient à l'essence et 14 % au LPG. Pour $\frac{6}{1000}$ le carburant n'était pas défini. Le reste des voitures roulait au diesel. Quelle partie cela représente-t-il ?**

   ....

   Réponse : ....

3. **Un huitième de la superficie totale d'un jardinet est occupé par du lierre, la moitié par du gazon, un sixième par des fleurs et le reste par des buissons. Quelle partie de la superficie est occupée par des buissons ?**

   ....

   Réponse : ....

   Thibaut dit : "Environ un quart de ce jardinet est planté de buissons". A-t-il raison ? Pourquoi oui ou pourquoi non ?

   Réponse : ....

4. **La fête scolaire a rapporté 2 624,80 euros. "Cela représente un quart de plus que l'année dernière" affirme mademoiselle Natacha. Combien la fête de l'année passée avait-elle rapporté ?**

   ....

   Réponse : ....

5. **Lis attentivement ces données puis réponds aux questions par un calcul détaillé.**

   402 personnes se sont rendues au théâtre. 1/3 sont des adultes, 1/2 des enfants et le reste des aînés. Le ticket adulte est vendu au prix de 5 € ; celui des enfants est de 3€ ; pour les aînés, c'est gratuit.

   1) Combien y avait-il d'adultes ? ➜ ....

   2) Combien y avait-il d'enfants ? ➜ ....

   3) Combien y avait-il d'aînés ? ➜ ....

   4) Quelle somme a été récoltée pour les entrées ? ➜ ....

   5) Sachant qu'une gaufre a été offerte à chaque spectateur et qu'elles s'achètent par paquet de 10, combien de paquets aura-t-on ouverts ?
   ➜ ....

6. Dessine le plan de ce complexe sportif :

- un quart du terrain est destiné à un terrain de football avec tribunes ;
- la moitié du terrain de foot pour un terrain de basket ;
- on prévoit pour les pistes de pétanque, la moitié de la superficie destinée au basket ;
- la superficie restante sera partagée entre une cafétéria $\frac{1}{3}$ de la superficie restante) et une plaine de jeux.

Ajoute une légende à ton dessin !

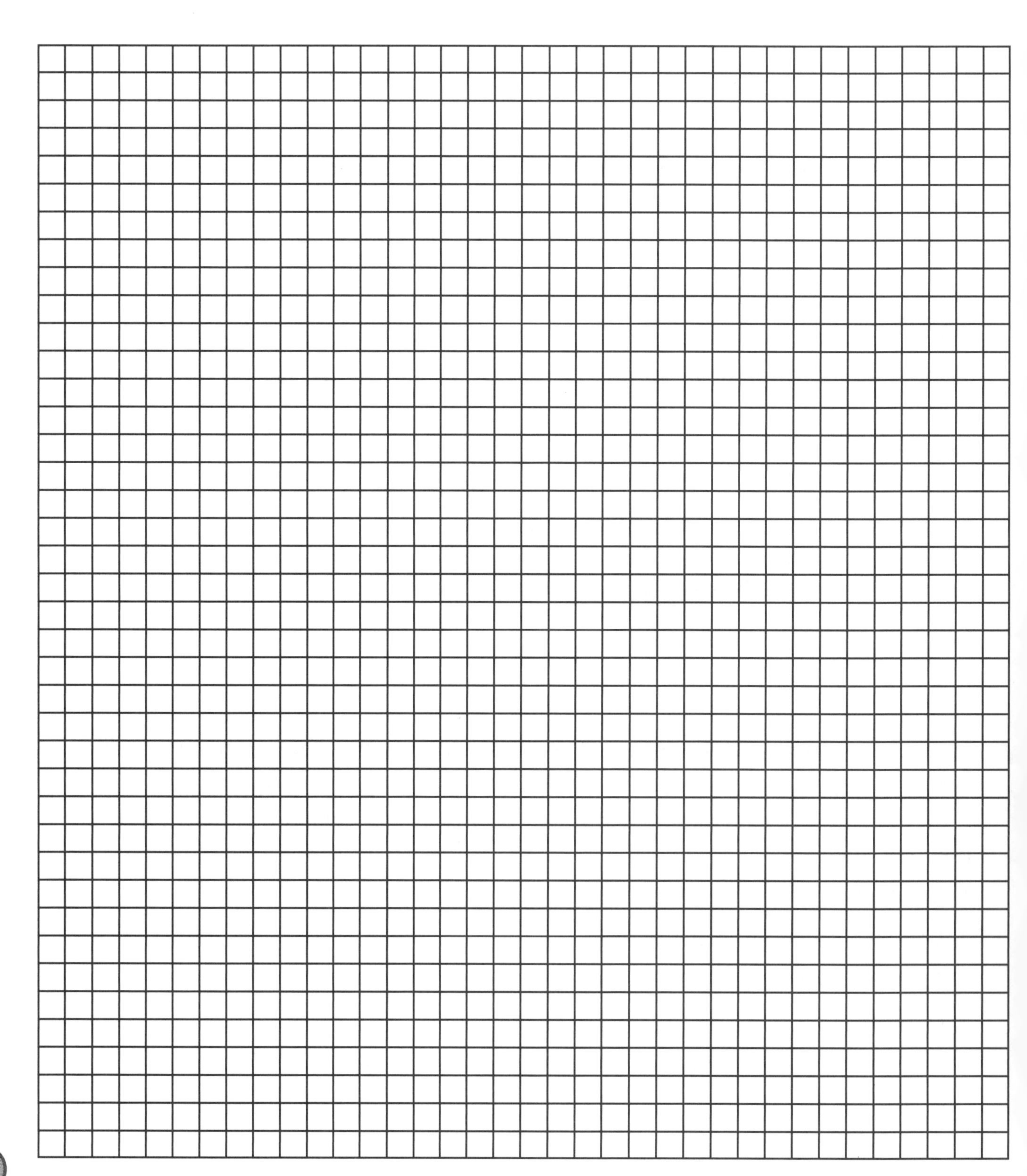

6. Résoudre des problèmes composés avec des nombres décimaux

1. **Une boutique de vêtements liquide et tout doit partir avec de fortes réductions de prix. Marie achète une jupe de 74,50 € et une écharpe de 38 €. On lui accorde une réduction de 14,75 € sur la jupe et 8,99 € sur l'écharpe.**
   Combien paiera-t-elle au total ?

   ....

   Réponse : ....

2. **Monsieur et Madame Legrand prennent des vacances en France. Ils ont un budget de 2 000 €.**
   Combien de temps peuvent-ils rester en vacances ? Compare les prix des hôtels ! Arrondis le nombre de jours vers le bas.

Hôtels	Prix par jour Chambre 2 personnes	Durée du séjour
Hôtel du Lac	125,40 €	
La Rose d'Or	180,75 €	
Hôtel de la Poste	309,25 €	
Hôtel de la Gare	280,80 €	

   Quel hôtel la famille Legrand choisira-t-elle ? Explique pourquoi.

   ....

   ....

3. **La famille Lacroix a prévu une journée à Disneyland-Paris. Ils partent dans trois voitures. La distance est d'environ 800 km A/R. Un litre d'essence (Eurosuper 95) coûte plus ou moins 1,612 €.**
   Avec un litre d'essence, une voiture peut parcourir douze kilomètres.

   - Calcule la quantité d'essence nécessaire pour une voiture, pour le trajet aller.

     ....

   - Calcule la quantité d'essence nécessaire pour les trois voitures et pour les trajets aller-retour.

     ....

   - Calcule le prix total d'essence pour cette journée à Disneyland.

     ....

4. **Le steak est en promotion chez le boucher : 2 et $\frac{1}{2}$ kg pour 33,50 €. Un client commande deux kg, mais lors de la pesée de la viande, la balance indique 2,072 kg.**

- Calcule le prix du steak de 2,072 kg.

....

- Calcule la masse de steak que tu pourrais avoir pour 100 €.

....

5. **Ahmed et Younes sont en vacances au Japon.**
Dans un snack belge, ils prennent un paquet de frites et un coca.
Au total, ils paient 175 yen. Ils se demandent ce que cela représente en euros.
En Belgique, Ahmed avait acheté 500 yen pour 3,36 euros.

Calcule combien 175 yen représentent en euros.

....

Réponse : ....

6. **Trois amis comparent leur argent de poche.**
Ben reçoit le moins. Jacques reçoit chaque semaine 2,50 euros de plus que Ben et Bertrand reçoit le double de Ben. Ensemble, ils reçoivent 18,50 euros.

....

Réponse : ....

6. **Il y a quatre clients dans le magasin. Les clients n'achètent qu'UNE sorte de fruits : pommes, poires, raisins, bananes. Ils paient 1,50 €, 2,50 €, 3 € et 4 €.**
Laure paie le plus.
Mehmet n'aime pas les raisins.
Laure n'achète ni poires ni pommes.
Stéphane paie le double de Fatima.
Pour les poires, un homme paie 2,50 euros.
Les raisins coûtent plus chers que les bananes.

Laure achète des .... **et paie** .... **€.**

Mehmet achète des .... **et paie** .... **€.**

Stéphane achète des .... **et paie** .... **€.**

Fatima achète des .... **et paie** .... **€.**

7. Déterminer des rapports

L'échelle indique le rapport entre la dimension .... et la dimension sur .... Nous l'utilisons pour les agrandissements et les réductions.

$\frac{1}{50\,000}$ → 1 cm sur le plan → 50 000 cm en réalité Ou 1 : 50 000

1. Des puzzles.

Combien de fois la pièce de puzzle (fig. 1) va-t-elle dans la figure 2 ?

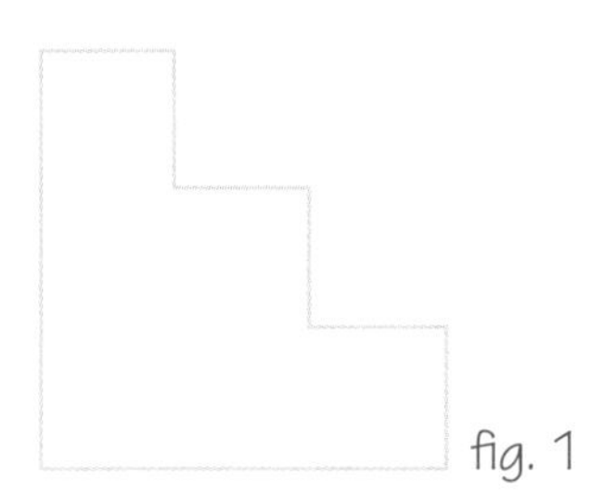
fig. 1

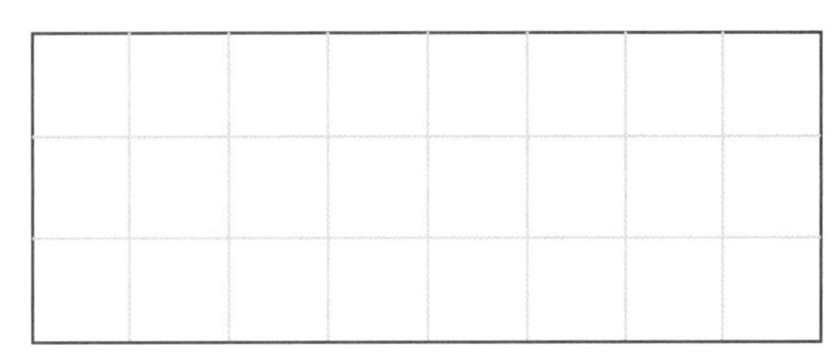
fig. 2

Maintenant, complète.

La superficie de la figure 1 est $\frac{\cdot}{\cdot}$ ou .... % de la superficie de la figure 2.

La superficie de la figure 2 est $\frac{\cdot}{\cdot}$ ou .... % de la superficie de la figure 1.

La superficie de la figure 1 comparée à la superficie de la figure 2 se rapporte de .... à ....

La superficie de la figure 2 comparée à la superficie de la figure 1 se rapporte de .... à ....

2. Dessine le triangle ABC successivement à l'échelle 1:2 et 2:1. Écris l'échelle utilisée, sous chaque dessin.

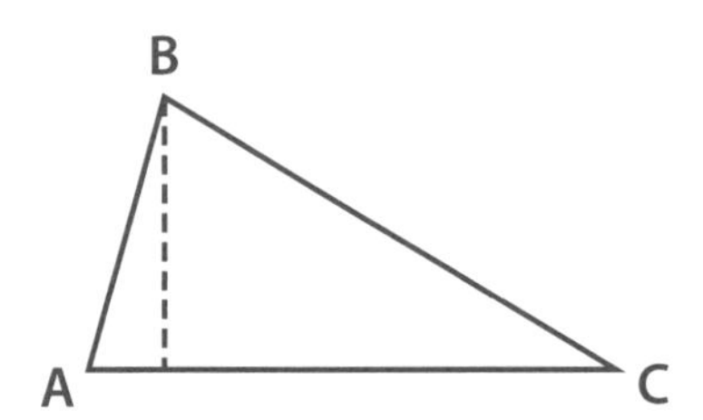

3. Coche correctement.

	VRAI	FAUX
Si tu doubles la superficie d'un rectangle, tu doubles également la longueur de ce rectangle.		
Si tu divises par 2 le côté d'un carré, tu divises aussi par 2 la superficie de ce carré.		
Si tu agrandis de 30 % à la photocopieuse une carte à l'échelle 1:50.000, l'échelle de la carte reste la même.		
L'échelle d'un plan, d'une carte ou d'une maquette exprime toujours le rapport des longueurs et jamais de la superficie.		
Si tu multiplies par 3 l'arête d'un cube, tu dois aussi multiplier son volume par 3.		

4. **Examiner des proportions. Observe correctement les figures ci-dessous, examine-les en les mesurant ou en calculant et réponds aux questions.**

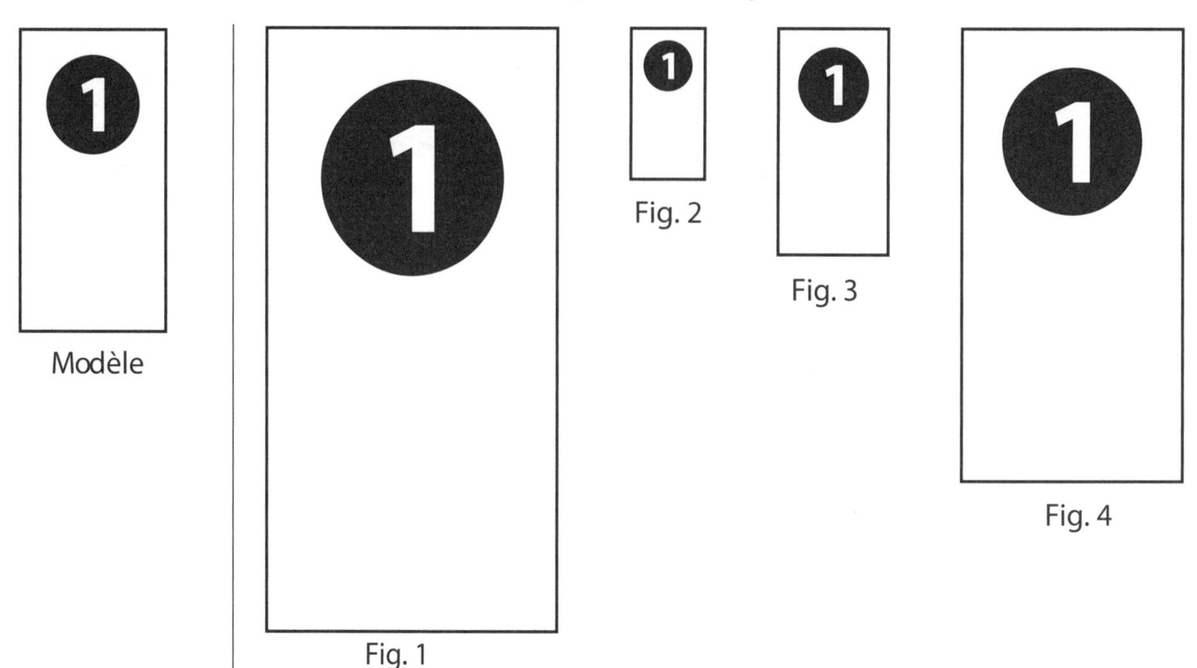

Modèle

Fig. 1

Fig. 2

Fig. 3

Fig. 4

L'exemple devant la ligne (le modèle) représente la réduction d'un plan de rues.
À droite de la ligne, tu vois différentes copies (agrandies ou réduites) de ce plan.

- Mesure le modèle : la largeur est ....; la longueur est ....; la superficie est ....

	Largeur	Longueur	Superficie
Figure 1	....	....	....
Figure 2	....	....	....
Figure 3	....	....	....
Figure 4	....	....	....

- Complète maintenant les rapports :
  - La longueur du modèle par rapport à la longueur de la figure 1 est de .... à ....
  - La largeur du modèle par rapport à la longueur de la figure 2 est de .... à ....
  - La superficie du modèle et celle de la figure 1 ont un rapport de .... à ....
  - La largeur de la figure 2 et celle de la figure 1 ont un rapport de .... à ....
  - Le périmètre de la figure 1 par rapport à celui du modèle est de .... à ....

- Calcul d'échelles.
  - Par rapport au modèle, la figure 1 est représentée à l'échelle .... : ....
  - Par rapport au modèle, la figure 2 est représentée à l'échelle .... : ....
  - Par rapport au modèle, la figure 3 est représentée à l'échelle .... : ....
  - Par rapport à la figure 3, la figure 4 est représentée à l'échelle .... : ....
  - La carte réelle mesure 12 cm sur 24. Le modèle par rapport aux mesures réelles est représenté à l'échelle .... : ....

5. Observe la carte muette de la région de Liège et complète.

- La distance à vol d'oiseau entre Liège et Rocourt est de ....
- La distance à vol d'oiseau entre Awans et Rocourt est de 6 km.
- La distance à vol d'oiseau entre Awans et St.-Nicolas est de ....
- La distance à vol d'oiseau entre Grâce-Hollogne et St.-Nicolas est de ....
- La distance à vol d'oiseau entre St.-Nicolas et Liège est de ....

6. Résous.

- Une photo de 40 cm sur 60 est un agrandissement de la photo originale.
  L'échelle utilisée pour l'agrandissement est 1 : 4.
  Calcule les dimensions de la photo originale.

  ....

  Réponse : ....

- Marlène adore les maquettes. Pour l'instant, elle travaille à celle du Titanic.
  La longueur totale de sa maquette est de 1,20 m.
  Sur le plan de montage, cette longueur est de 30 cm.
  À quelle échelle Marlène travaille-t-elle ?

  ....

  Réponse : ....

7. Un sprint à six.

À l'arrivée d'une course cycliste de 198 km, un petit groupe de 6 coureurs se disputent la victoire.
Dans quel ordre les coureurs passent-ils la ligne d'arrivée ?
Sven monte sur le podium. Jean et Fred se disputent la quatrième et cinquième place.
Philippe et Nico devancent Sven. Philippe n'a pas réussi à gagner.
Fred est plus rapide que Sylvain et ne termine donc pas dernier du groupe.

1. .... 2. .... 3. ....

4. .... 5. .... 6. ....

8. Établir des liens logiques

1. La recette des madeleines

Ingrédients pour 24 madeleines :

Farine : 225g
Sucre : 175g
Beurre : 100g
Levure en poudre : 1 sachet
Œufs : 4

Préparation :

- Battre les œufs entiers et le sucre.
- Ajouter la farine et la levure tamisées ensemble.
- Remplir les moules saupoudrés de farine.
- Laisser reposer 20 min.
- Enfourner (four préchauffé à 240°)
- Laisser cuire 10 min.

Prix relevés au magasin (hors « grands marques »):

Farine : 0,38 € le kg
Sucre : 1,20 € le kg
Beurre : 2,19 € le 1/4 de kg
Levure : 1,40 € le paquet de 5 sachets
Œufs : 1,39 € la boîte de 12

Dresse la liste des ingrédients et calcule le prix de revient pour 360 madeleines.

....

....

....

....

....

....

....

Si les madeleines sont vendues à 0,30 € pièce, calcule le bénéfice pour la caisse de l'école.

....

....

9. Résoudre des problèmes de proportions Suite directement proportionnelle (règle de 3)

Synthèse

Deux grandeurs sont directement proportionnelles lorsque la 1ère grandeur devenant 2, 3, 4 ... fois plus grande, la 2ème grandeur devient en même temps 2, 3, 4 ... fois plus grande. Et inversement.

Ex : Trois voitures miniatures coûtent 7,75 euros. Combien coûte une douzaine de ces voitures ?

	Nombres de voitures	Prix en €	
x	3	7, 75 €	x ....
	12	....	

Il est parfois nécessaire de passer par une étape intermédiaire.

Douze sacs de pommes de terre pèsent 600 kg. Quelle est la masse de 30 sacs ?

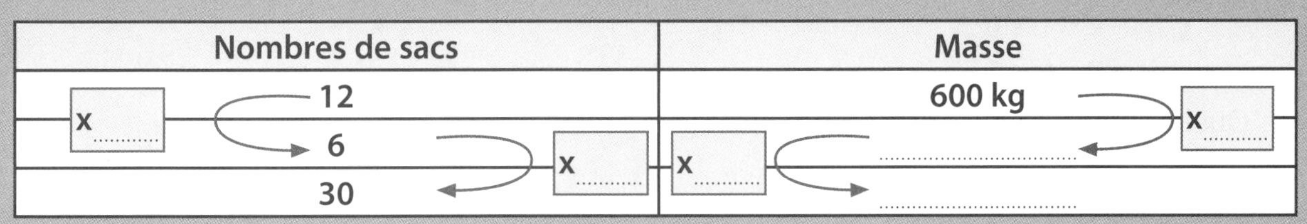

	Nombres de sacs			Masse	
x	12			600 kg	x ....
	6	x	x	....	
	30			....	

En bref : **La règle de trois**

→ Je connais 3 choses (3 données)

→ Je cherche la quatrième en établissant le rapport (X ou :)

1. Lis et résous.

- Anthony a obtenu 22,50 sur 30 pour le test langues.
  Quel pourcentage a-t-il obtenu ?

  ....

  Réponse : ....

- Deux kg de café coûtent 8 euros.
  Prix de 250 g ?

  ....

  Réponse : ....

- À l'échelle 1 : 6, un segment de droite mesure 6,4 cm.
  Quelle est la longueur réelle de ce segment ?

  ....

  Réponse : ....

- Les rectangles A et B ont tous deux une longueur de 12 cm.
  La superficie de A est de 60 cm². La largeur de B vaut le triple de la largeur de A. Calcule la largeur et la superficie de B.

....

Réponse : ....

2. **Lis attentivement et résous.**

- Partage 8 469 euros proportionnellement par 4 et 5.

....

Réponse : ....

- Partage un poids de 86,4 kg dans trois boîtes proportionnellement par 1, 3 et 4.

....

Réponse : ....

- Un torréfacteur mélange 15 kg de café à 3,50 € le kg avec 15 kg à 5 € le kg. Prix d'un kg de ce mélange.

....

Réponse : ....

- La voiture de Jessica consomme en moyenne 8 ℓ/100 km. Quelle sera sa consommation pour 60 km ?

....

Réponse : ....

- Herman a parcouru, à vélo, 63 km en 3h30. Quelle est sa vitesse moyenne à l'heure ?

....

Réponse : ....

- Un groupe de quatre promeneurs a parcouru une distance de 10 km en 2 heures. Combien de temps mettra un groupe de huit excellents marcheurs du même niveau pour parcourir la distance de 10 km ?

....

Réponse : ....

3. **Quick Snack**
Combien coûte chaque plat ?

La portion de frites coûte 1/5 du prix du poulet rôti.
Pour le plat espagnol, tu paies la moitié du prix du filet de saumon et du spaghetti réunis.
Le plat italien coûte 1,25 euro de moins que le poulet rôti.
Un steak coûte 5 euros plus cher qu'un spaghetti.
Le plat de poisson coûte autant que le spaghetti et le steak réunis.

Quick Snack	
Spaghetti	....
Steak	....
Paella	....
Filet de saumon	....
Poulet rôti	....
Frites	1,-

10. Résoudre des problèmes de proportions ou proportions inverses

1. **Complète : plus - moins.**

- Une somme est partagée ; plus il y a d'enfants, ... d'argent chacun recevra.
- Un club de foot se déplace. Plus de joueurs prendront place dans une voiture, ... il faudra de voitures.
- Plus j'achète de boissons rafraîchissantes, ... je devrai payer.
- Plus il y aura d'aides pour décorer une salle de fêtes, ... il faudra de temps pour que la salle soit prête.
- Moins je chargerai ma voiture, ... je consommerai d'essence.

2. **Léon charge son camion-citerne avec 30 000 ℓ de mazout.**

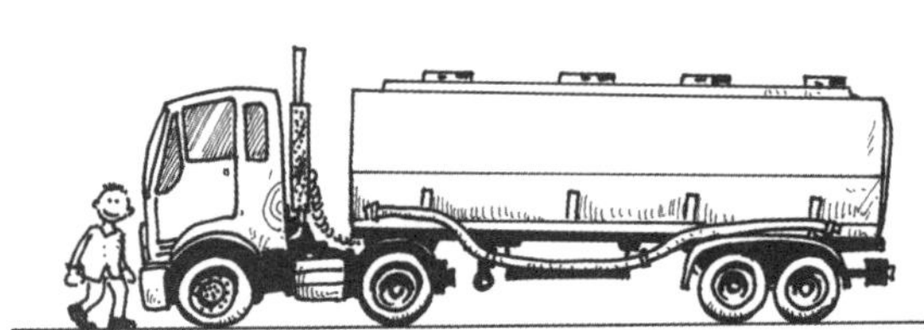

Combien de citernes de 3 000 ℓ peut-il remplir avec cette quantité ?

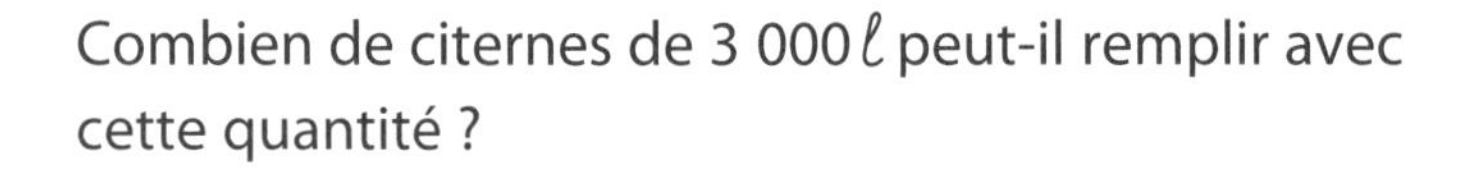

....

Combien de citernes de 5 000 ℓ peut-il remplir avec cette quantité ?

....

Combien de citernes de 10 000 ℓ peut-il remplir avec cette quantité ?

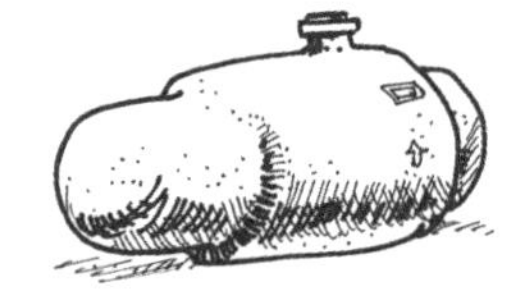

....

- Complète : plus petite est la citerne, ... il pourra remplir de citernes.

3. **Écris chaque fois le nombre de tours effectués par la roue droite.**

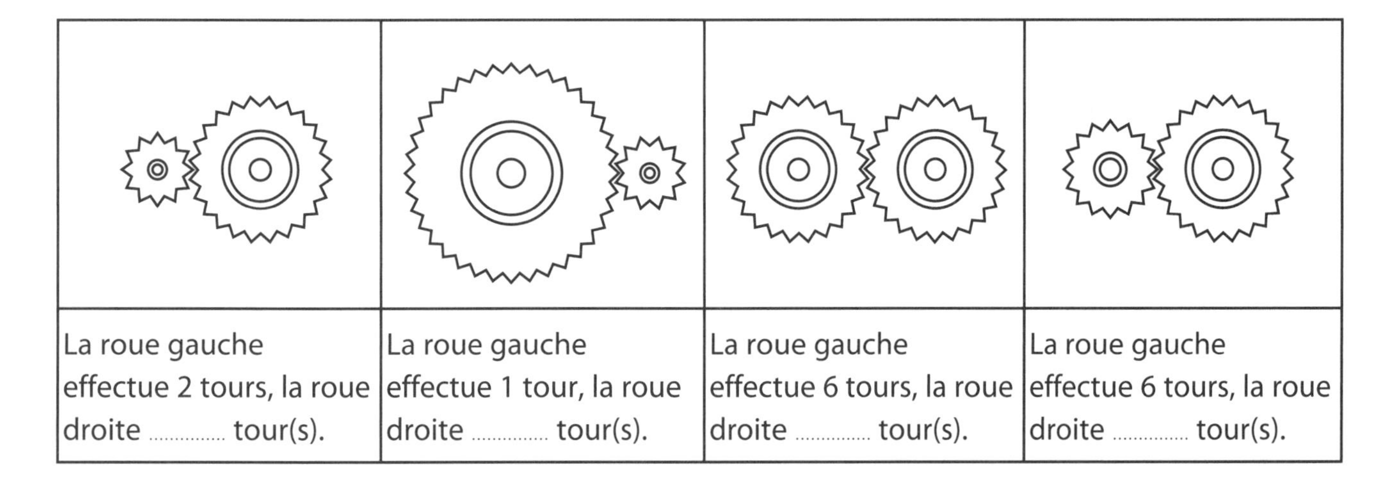

La roue gauche effectue 2 tours, la roue droite .... tour(s).	La roue gauche effectue 1 tour, la roue droite .... tour(s).	La roue gauche effectue 6 tours, la roue droite .... tour(s).	La roue gauche effectue 6 tours, la roue droite .... tour(s).

4. **À présent, à l'aide des fractions. Écris le nombre de tours effectués par la roue droite.**

La roue gauche effectue 1 tour, la roue droite .... tour(s).	La roue gauche effectue 1/4 tour, la roue droite .... tour(s).	La roue gauche effectue 2 tours, la roue droite .... + ... tour(s).	La roue gauche effectue 6 tours, la roue droite .... + ... tour(s).

Barre ce qui ne convient pas : plus il y a de dents, plus / moins il y a de tours.

5. **Pour prévenir les inondations, les pompiers pompent l'eau de la rivière dans des bassins de réserve. S'ils utilisent deux pompes, les bassins sont remplis en 12 heures. Lors de la dernière intervention, ils ont utilisé trois grandes pompes identiques. Combien de temps a-t-il fallu pour remplir les bassins ?**

Réponse : ....

6. **Carlos épargne des pièces de 50 cents. Au bout d'un an, il a épargné 238 pièces. Son cousin Juan épargne des pièces de 20 cents. Combien de pièces de 20 cents Juan doit-il épargner pour avoir la même somme que Carlos ?**

Réponse : ....

7. **Lors de la fête scolaire, plusieurs circuits électriques sont utilisés. Sur un circuit, l'électricien peut raccorder maximum 36 lampes de 100 watts. Combien de lampes de 60 watts pourrait-il raccorder au maximum sur ce même circuit ?**

Réponse : ....

8. Coche la bonne réponse. Attention : il existe parfois plus d'une possibilité ! On peut en discuter.

- Bilal verse deux litres d'eau dans des verres de 25 cl. Léa fait de même mais dans des verres de 20 cl.

  - O Léa a besoin de moins de verres que Bilal.
  - O Léa a besoin de plus de verres que Bilal.
  - O Bilal a besoin d'au moins 13 verres.
  - O Léa a besoin d'au moins 10 verres.

- Après l'inondation, les pompiers doivent aspirer l'eau des caves d'une usine. À l'aide de quatre pompes, les caves sont vidées en six heures.

  - O Plus on fera intervenir de pompes, moins longtemps le travail durera.
  - O Avec six pompes, le travail serait plus long.
  - O Avec quatre pompes, le travail durerait plus de six heures.
  - O Avec six pompes, le travail durerait quatre heures.

- Samir met quinze minutes pour se rendre à l'école. Combien de temps mettra-t-il si deux amis l'accompagnent ?

  - O Chacun d'eux ne mettra que cinq minutes.
  - O Ils mettront quinze minutes.
  - O Ils mettront quarante-cinq minutes.
  - O Plus nombreux ils seront, moins longtemps ils mettront de temps pour parcourir la distance.

- Un cultivateur achète une prairie de 200 m sur 180 m. Il possède déjà un champ de la même superficie mais d'une longueur de 240 m.

  - O La largeur du champ est supérieure à 180 m.
  - O Le champ a aussi une largeur de 180 m.
  - O La largeur du champ vaut 5/4 de celle de la prairie, la largeur du champ vaudra donc 4/5 de celle de la prairie.
  - O Si les longueurs ont un rapport de 4 et 5, alors les largeurs auront aussi un rapport de 4 et 5.
  - O Il y a une erreur dans l'énoncé : les superficies ne peuvent pas être pareilles.

- La compagnie de transport "Vite et Bien" met cinq minibus de neuf places à la disposition des travailleurs pour les amener sur chantier. Le lendemain, ils utilisent sept minibus identiques à ceux de la veille pour le transport des travailleurs.

  - O S'il y a plus de bus qui roulent, on doit transporter moins de travailleurs.
  - O S'il y a plus de bus qui roulent, on doit transporter plus de travailleurs.
  - O S'il y a moins de bus qui roulent, on doit transporter moins de travailleurs.
  - O S'il y a moins de bus qui roulent, on doit transporter plus de travailleurs.

11. Résoudre des problèmes de partages

1. **En mettant de l'ordre dans le grenier, papa retrouve son ancienne boîte de billes.**
Il partage les billes entre Benjamin (7 ans), Marie (9 ans) et Arthur (11 ans).
Chacun reçoit cinq fois autant de billes que son âge. Après le partage chacun reçoit encore vingt billes du reste.
Combien de billes reçoivent-ils chacun ?

....

....

Réponse : ....

Exercices complémentaires

L'administration communale de Beauvillage souhaite plus de calme et de verdure dans la localité.
Elle décide donc que, dans le nouveau quartier, par groupe de deux maisons, ( ) il faudra planter cinq arbres ( ) et prévoir trois bancs ( ). Complète le tableau.

10	30	100	....	70	....
maisons	6	....	8	....	....
arbres	15	....	....	....	10
bancs	....	....	....	....	....

2. **Margot confectionne une guirlande d'automne pour la classe, d'après le modèle ci-dessous.**

Complète le tableau.

15	60	....	....	....	90
feuilles	....	....	15	....	....
glands	....	....	....	40	....
marrons	....	162	....	....	....

Quel fruit d'automne occupe la 45ème place ? ....

3. **Réfléchis et effectue.**
Plus il y aura de cacao dans le lait chaud, plus on goûtera le chocolat.
Virginie utilise douze cuillères de cacao pour douze tasses de chocolat chaud.
Maggy utilise huit cuillères de cacao pour dix tasses identiques.
Laquelle des deux fillettes a préparé le chocolat chaud le plus fort ? Explique.

....

Réponse : ....

4. **Une excursion d'un jour coûte 20 euros. Hélène épargne 2,50 € par jour et Anne 0,80 €.**
Combien de jours chacune d'elles devra-t-elle épargner pour atteindre le montant souhaité ?

....

Réponse : ....

5. **Une tarte est partagée en douze parties égales.**
Jean reçoit deux parts de plus que Marie.
Florian et Marianne reçoivent chacun une part de moins que Jean.
Quelle est la part de chacun ?

....

Réponse : ....

La tarte coûte 8,40 €. Combien aura coûté la part de Jean ?

....

Réponse : ....

6. **Justine et Hugo dirigent chacun une entreprise.**
Chaque année, ils doivent se rendre quelques fois à l'étranger.
Ensemble, ils ont pris 24 fois l'avion mais Justine a voyagé 2 fois plus qu'Hugo.

Justine a pris .... fois l'avion.

Hugo a pris .... fois l'avion.

12. Les mélanges

1. **Dans une recette de pudding vanille pour cinq personnes, on peut lire les ingrédients suivants :**
   - Un litre de lait
   - 100 g de sucre
   - 50 g de vanille en poudre

   Recalcule les quantités :

   • pour un demi-litre de lait :

   ....

   • pour dix personnes :

   ....

   • si tu utilises 150 g de vanille en poudre, pour combien de personnes prépareras-tu le pudding ?

   ....

2. **Pour la préparation d'une salade d'oranges pour 4 personnes, j'ai besoin de :**
   - 4 oranges
   - 2 citrons
   - 150 g de sucre
   - 2dl de vin blanc doux

   Calcule les quantités ou le nombre de personnes :

   • Tu utilises un litre de vin blanc doux.

   ....

   La salade sera pour .... personnes.

   • Tu emploies deux oranges.

   ....

   La salade sera pour .... personnes.

   • Qu'auras-tu besoin pour une préparation pour huit personnes ?

   ....

   ....

3. **Complète le tableau.**

Ingrédients pour la préparation d'un milk-shake d'abricots, pour quatre personnes :
1/2 litre de lait – 4 abricots – 4 cuillères de sirop d'abricots – 2 cuillères de sucre

nombre de personnes	lait	abricots	sirop d'abricots cuillères	sucre cuillères
4	....	....	....	....
....	....	8	....	....
....	....	....	12	....
....	....	....	....	10

4. **Complète les quantités dans le tableau ci-dessous.**

Pour la préparation de 3,2 kg de confiture "quatre fruits", tu as besoin de :
1/2 kg de cerises – 1/4 kg de groseilles – 1/2 kg de framboises – 3/4 kg de fraises – 2 kg de sucre

cerises	groseilles	framboises	fraises	sucre
....	....	....	1,5 kg	....
....	....	....	....	1 kg
....	....	3/4 kg	....	....
5 kg	....	....	....	....

Combien de kg de confiture obtiendras-tu avec 5 kg de cerises ? ....

....

Réponse : ....

5. **Il y a 550 places dans une salle de fêtes. Pour un concert pop, toutes les places sont vendues !**

150 places ont été vendues à six euros et les autres à quatre euros.
Calcule le prix moyen d'une place (arrondir à 0,50 euro).

....

Réponse : ....

6. **Ma voisine aime ses poules. Elle prépare elle-même la nourriture de ses poules qui reçoivent un mélange.**

Observe le diagramme. Complète ensuite les quantités d'après les données et calcule le prix.

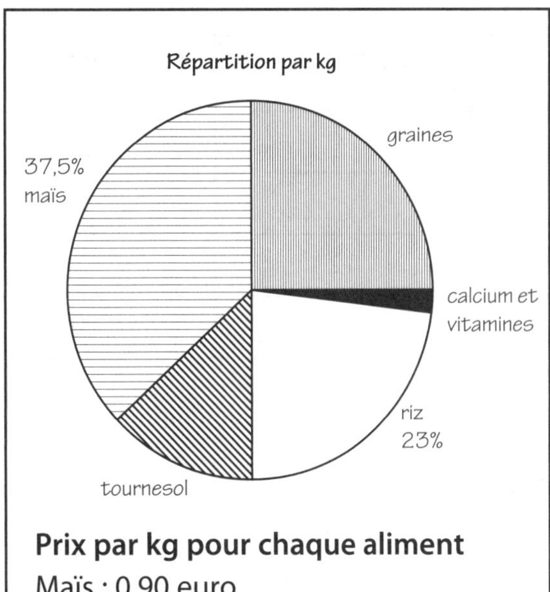

Prix par kg pour chaque aliment

Maïs : 0,90 euro

Graines : 0,75 euro

Riz sauvage : 1,10 euro

Graines de tournesol : gratuit (production propre)

Calcium et vitamines : 2 € /100 g

- 5 kg de nourriture se composent de :
  - .... graines,
  - .... maïs,
  - .... graines de tournesol,
  - .... riz sauvage,
  - .... calcium et vitamines.

- 3 kg de nourriture se composent de : ....,

  1,125 g maïs,

  ....,

  ....,

  ....

- 4 kg de nourriture contiennent .... de calcium et vitamines.
- 1/2 kg de nourriture contient .... de riz sauvage.
- Utilise ta calculette !

Combien coûtent 5 kg de nourriture ?

Réponse : ....

Combien coûtent 10 kg de nourriture ?

Réponse : ....

Combien coûtent 2,5 kg de nourriture ?

Réponse : ....

13. Le change, les mesures étrangères

1. **Complète par < ou > ou =.**

1 euro	1 franc suisse
1 franc suisse	1 couronne norvégienne
1 yen	1 euro
1 livre anglaise	1 dollar américain
1 dollar américain	1 franc suisse
138,33 yen	1 euro
1 euro	1,2364 franc suisse

Cours des changes
du mercredi 13 février 2013

1 euro = *1,3480 dollar américain*
0,8662 livre anglaise
7,4615 couronnes danoises
125,9585 yen japonais
7,3688 couronnes norvégiennes
8,5701 couronnes suédoises
1,2364 franc suisse

Compare aves les cours des changes de ce jour.

Que constates-tu ? ....

Rappel **Avant de répondre aux problèmes 2 - 3 - 4 - 5, vérifie (à l'aide de ton professeur) les cours des changes du jour sur internet ou dans un journal!**

2. **Indique le prix de cette TV en euros. Utilise ta calculette. Arrondis à 1 cent.**

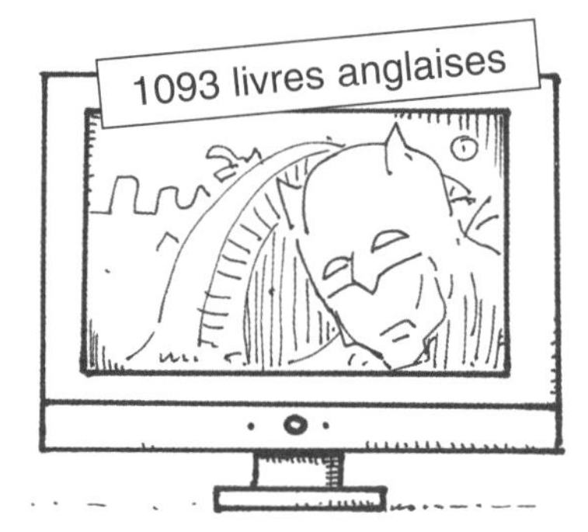

La livre anglaise arrondie a une valeur de 1 à 0,856 par rapport à l'euro. Calcule le prix de cette TV en euros.

....

Réponse : ....

3. **Le papa de Catherine doit se rendre au Japon pour son travail. Tous ses frais sont payés par son employeur, mais papa emporte de l'argent de poche. Il change 100 euros en yen.**

Combien de yen, papa a-t-il lorsqu'il part ?

....

Réponse : ....

4. **Charlotte revient de Suisse et veut changer ses 350 francs suisses en euros.**
Lors de l'achat de devises étrangères, la banque applique un taux de change inférieur à celui utilisé pour la vente de devises étrangères. La valeur de l'euro et celle du franc suisse ont un rapport de 1 à 1,23.
Combien Charlotte recevra-t-elle d'euros en échange de ses francs suisses ?

....

Réponse : ....

5. **Éric part en Californie.** Il achète des dollars pour une valeur de 2 000 euros.
Combien de dollars recevra-t-il ? (1 euro = 1,3480 dollar) ?

....

Réponse : ....

Et à ce jour ?

....

Réponse : ....

6. **Observe ces mesures de longueur bizarres.**

Une aune fait 0,687 m ou .... cm.

Un yard fait 0,914 m ou .... cm.

Un pouce fait 0,0254 m ou .... cm.

Un mile britannique fait 1 609,342 m.

Nous arrondissons :

Une aune = ... cm

Un yard = ... cm

Un pouce = ... , ... cm

Un mile = 1,6 ....

7. **Travaille à l'aide des mesures arrondies. Complète.**

La longueur d'un pouce et celle d'un cm ont un rapport de .... à ....

La longueur d'un km et celle d'un mile ont un rapport de .... à ....

La longueur d'un yard et celle d'un mètre ont un rapport de .... à ....

La longueur d'un mètre et celle d'une aune ont un rapport de .... à ....

- Youri dessine une ligne de 4 pouces sur l'écran de son ordinateur. Cela représente environ .... cm.

- Le côté d'une prairie carrée mesure 66 yards. Calcule la superficie de cette prairie en m^2.

  ....

  Réponse : ....

- La grand-mère de mon papa pouvait autrefois encore acheter des étoffes mesurées à l'aune. Grand-mère acheta donc à cette époque 80 aunes d'étoffe pour rideaux à raison de 5 francs l'aune (maintenant plus ou moins 0,12 €.) Indique cet achat en mètres et le prix en euros.

  ....

  Réponse : ....

- Mon oncle Fernand roule avec une voiture anglaise (volant à droite !). Les instruments de bord donnent des indications en "miles". Aujourd'hui, mon oncle a effectué un trajet de 400 "miles". Cela représente combien de km ?

  ....

  Réponse : ....

14. Résoudre des problèmes de pourcentages

1. **Les Nations-Unies établissent régulièrement des estimations quant à l'accroissement de la population mondiale. Sur la carte, tu trouveras une estimation moyenne de la population en 2005 et en 2050. Les nombres sont arrondis aux dix millièmes.**

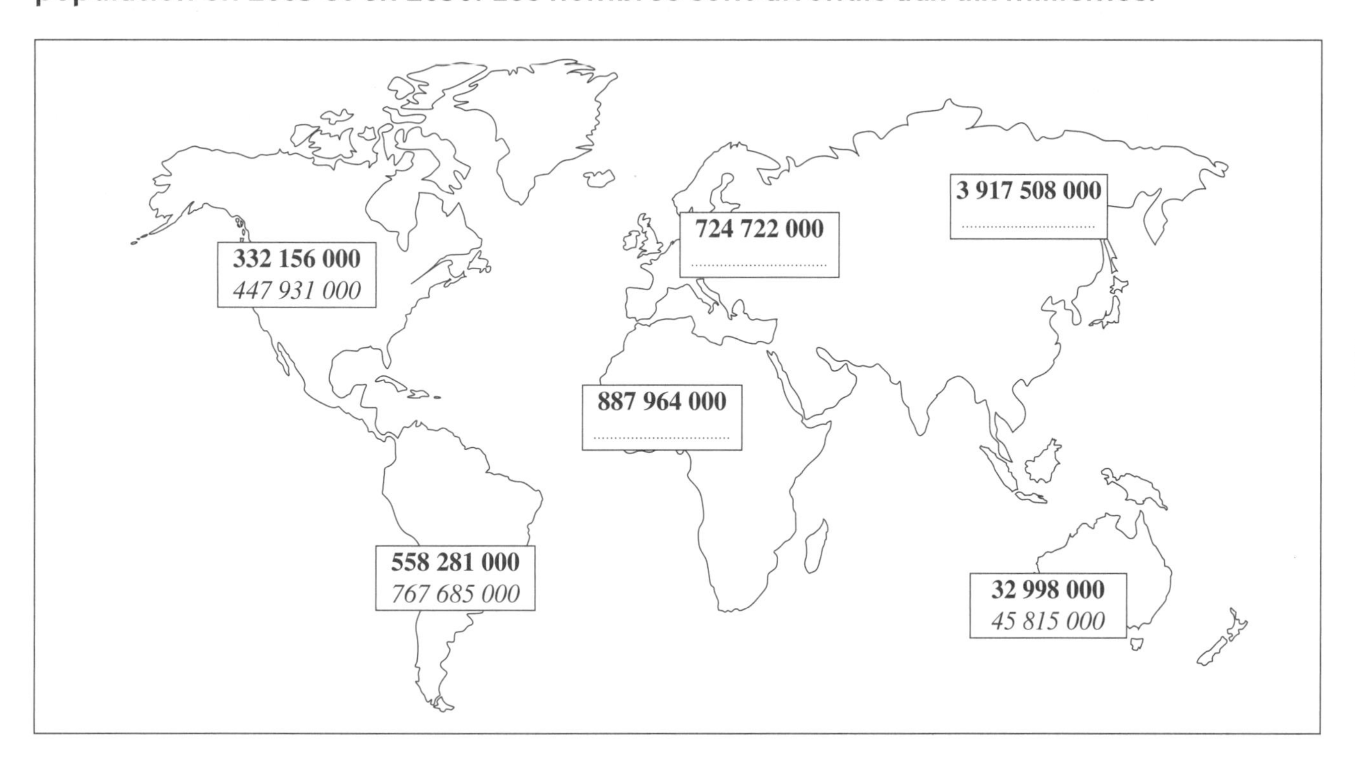

Légende : **nombre pour l'année 2005** - nombre pour l'année 2050

- Calcule la population mondiale estimée pour l'année 2005. ……………………
- On attend un accroissement de population en Afrique de 103 % pour 2050.
  Complète sur la carte le nombre de la population d'Afrique estimée en 2050.
- En Asie, on estime un accroissement de 33,3 %.
  Si c'est le cas, le nombre d'habitants s'élèvera alors à ……………………
  Complète sur la carte.
- En Europe, on attend une diminution de la population de 12,8 %. D'après les estimations, il y aurait donc …………………… habitants sur ce continent. Complète sur la carte.
- Sur quel continent la population doublera-t-elle pendant cette période ? ……………………
- Sur quel continent habitera plus de la moitié de la population mondiale ? ……………………
- Écris le nom de ces continents sur le graphique, pour l'année 2050.

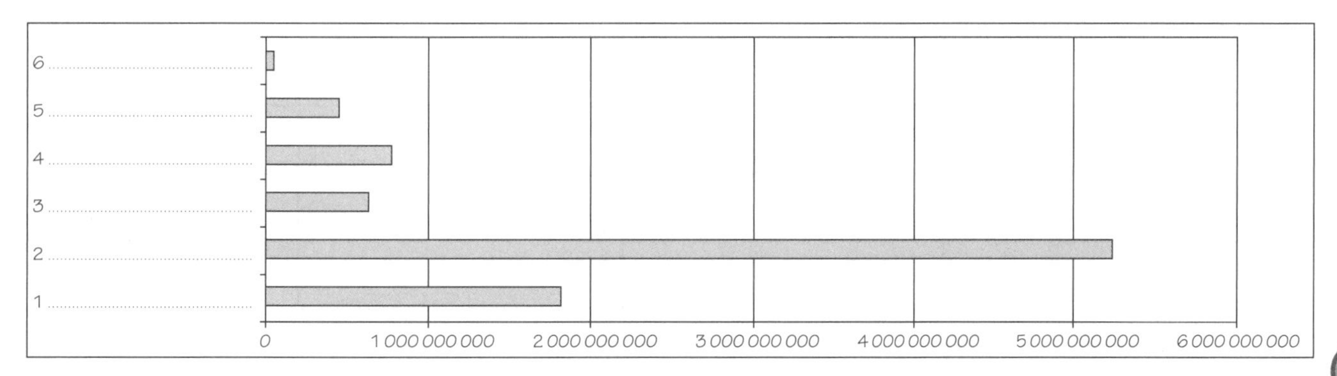

2. **Les Tec s'appellent "De Lijn" en Flandre et la "Stib" à Bruxelles. Ils sont chargés des transports en commun (trams, bus, métro). Ci-dessous, tu trouveras les données du nombre de passagers transportés (exprimés en millions).**

	2005	2006	2007	2008	2009	2010	2011	2012
Passagers transportés	532,5	532,6	529,7	540,8	554,9	608,1	691,5	761,3
De Lijn	214,9	214,9	216,4	223,2	240,4	265	318,4	362,2
TEC	155,8	156,1	152,6	158,5	144,4	160,5	168,8	179,3
STIB	161,8	161,6	160,7	159,1	170,1	182,6	204,3	219,8

- Laquelle de ces trois sociétés a vu le nombre de passagers transportés s'accroître le plus entre 2005 et 2009 ? ....
- Combien de voyageurs y avait-il de moins en 2005 par rapport à 2009 ? ....

⚠ Calcule le pourcentage d'accroissement de ces trois sociétés entre 2009 et 2012.

- Pour les TEC : .... %.
- Pour la STIB : .... %.
- Pour DE LIJN : .... %.

- Pour quelle société, le pourcentage d'accroissement était-il le plus grand ? ....
- Quelle société était le plus sous le pourcentage moyen d'accroissement ? ....
- Cherche dans un dictionnaire ou sur internet :

Que signifie STIB ? ....

Que signifie TEC ? ....

3. **Les soldes.**

Prix affiché	Solde en %	Solde en €	Prix final
....	....	....	....
....	....	....	....
....	....	....	....
....	....	....	....
....	....	....	....

4. **Le graphique représente les dix sports les plus pratiqués dans notre ville, il y a cinq ans et à l'heure actuelle. Lis ainsi : 31 cyclistes pour 100 personnes qui font du sport, etc.**

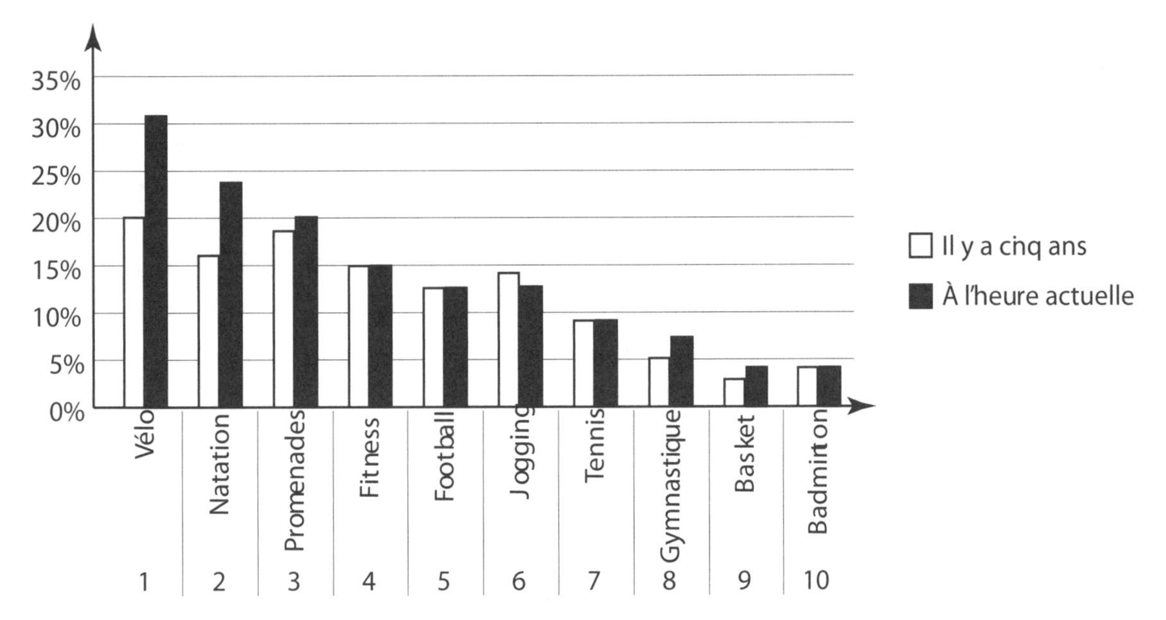

- Quels sont les deux sports dont le pourcentage s'est le plus accru ?

....

- Quel sport est en régression ?

....

- Quel sport pratiquaient, il y a cinq ans, cinq pour cent des personnes ?

....

- Lequel des trois sports les plus pratiqués a connu un accroissement d'environ 25 % ?

....

5. **Dans la classe de Yves et Samia qui compte 30 élèves :**
12 élèves pratiquent le football .... %
6 élèves pratiquent la natation .... %
3 élèves pratiquent le tennis .... %
9 élèves pratiquent le vélo .... %
comme hobby en dehors des heures de classe.

a) calcule le % pour chaque sport.
b) représente sur une feuille séparée par un graphique chaque sport pratiqué dans cette classe.

15. Résoudre des problèmes en calculant l'intérêt

Synthèse

Les intérêts

Si tu déposes de l'argent sur un compte à la banque, il te rapportera un revenu qu'on appelle intérêt. Et inversement, la banque peut aussi te prêter de l'argent.

3 facteurs interviennent pour calculer ce que la banque va te verser comme intérêt.

Le .... : c'est la somme d'argent que l'on dépose à la banque.

Le .... : c'est le nombre qui permettra de calculer les intérêts.

La .... : c'est le temps qu'on laisse son argent pour qu'il nous rapporte.

En général, l'intérêt est la somme que l'on reçoit de la banque pour son argent déposé et ce après 1 an.

1. **Calcule et complète. Utilise ta calculette.**

Capital	Taux	Intérêts après 1 an	Capital après 1 an
ex : 100 000 euros	7,5 %	7500 euros	107 500 euros
168 000 euros	.... %	16 800 euros	....
2 000 000 euros	.... %	....	2 080 000 euros
78 800 euros	4 %	....	....
1 228 000 euros	6,25 %	....	....

2. **La famille Pierard va construire une maison.**
   Elle hérite de 75 000 euros et
   a épargné 52 000 euros.
   Elle emprunte 25 000 à 6 %.
   Calcule l'intérêt sur l'emprunt après un an.

   ....

   Réponse : ....

3. **Papa prête 1 200 euros à 3 % à son voisin. Ils conviennent que l'argent doit être remboursé après un an.**
   Combien d'argent papa recevra-t-il à l'issue de cette année ?

   ....

   Réponse : ....

4. **Émile place un capital de 36 000 euros à 6,5 %. Son frère, Georges, place 18 000 euros à 5,5 % et 18 000 euros à 7 %. Qui aura le plus d'argent sur son compte après un an ?**

   ....

   Réponse : ....

5. **Samuel prête 40 850 euros à 6,5 % et 20 850 euros à 5,5 % à un entrepreneur. Calcule l'intérêt que Samuel percevra après un an.**

....

Réponse : ....

6. **Un capital de 450 000 euros rapporte, après un an, 27 000 euros d'intérêts. Calcule le taux.**

....

Réponse : ....

7. **Un capital est placé pendant un an à 4 %. Les intérêts s'élèvent alors à 14 000 euros. Calcule le capital.**

....

Réponse : ....

8. **15 000 euros placés à 4 % rapportent un intérêt de 300 euros. Pendant combien de temps ce capital a-t-il été placé ?**

....

Réponse : ....

9. **Un capital de 12 000 euros est placé à 6 % pendant six mois. Calcule les intérêts.**

....

Réponse : ....

Et après neuf mois ?

....

Réponse : ....

10. **Un capital de 28 000 euros rapporte 3 % d'intérêts sur un compte d'épargne. Michel place ce capital pendant deux ans. Calcule les intérêts de ce capital après un an. Attention ! Les intérêts de cette première année restent aussi sur le compte. Quel sera le capital après deux ans ?**

....

Réponse : ....

16. Résoudre des problèmes : la moyenne

Synthèse

La moyenne est un nombre qui n'existe pas vraiment.

(A + B + C + D + E + F) : nombre d'objets (6) = moyenne

Cette valeur est toujours inférieure – supérieure à la plus grande valeur.

Tu peux utiliser ta calculette !

1. **Calcule chaque fois la moyenne.**

Exemple : 145 245 45 745 345
145 + 245 + 45 + 745 + 345 = 1525   1525 : 5 = 305   **Moyenne : 305**

- 1435 0 77 ……………………………………

  Moyenne : ……………………………………
- –3° 2° 0° 2° 5° ……………………………………

  Moyenne : ……………………………………
- –2° 0° –6° 3° –10° ……………………………………

  Moyenne : ……………………………………
- 18 47 12 99 ……………………………………

  Moyenne : ……………………………………

2. **Températures mesurées dans notre village en février (à 7h du matin).**

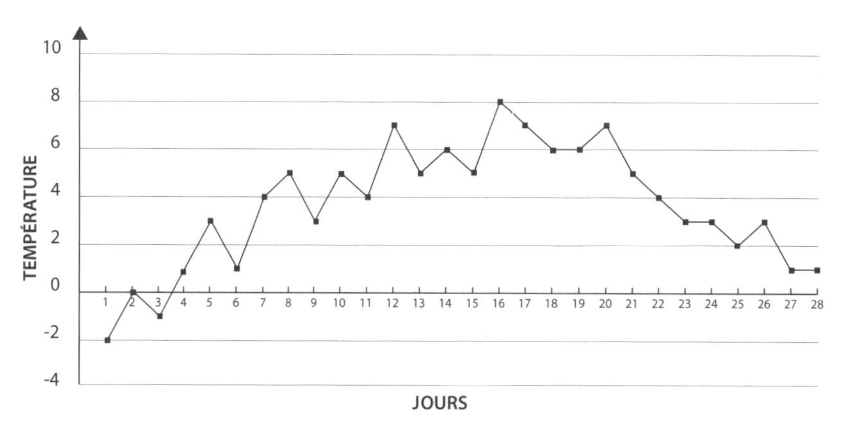

……………………………………

……………………………………

La température moyenne du mois est ……………………………………

Réponds de façon complète à ces questions :

- À quelle date a-t-il fait le plus chaud ? Quelle était la température relevée?

  Pointe-la en vert sur le graphique. ……………………………………
- À quelle date a-t-il fait le plus froid ? Quelle était la température relevée ?

  Pointe-la en bleu sur le graphique. ……………………………………

3. Résous.

- Pendant les deux semaines de vacances de Noël, 335 visiteurs par jour ont visité le parc naturel "Plaisir d'Animaux". Combien de visiteurs au total ? Le parc est ouvert 7j/7.

....

Réponse : ....

- En avril, la moyenne journalière de fréquentation était de 245 visiteurs. Le nombre total de visiteurs étant de 4 900, calcule le nombre de jours pendant lesquels le parc était ouvert en avril.

....

Réponse : ....

- Ce graphique indique le nombre de kilos de paille nécessaire pour chaque animal du parc naturel. Détermine le nombre moyen de kg de paille.

....

....

....

....

La moyenne est .... kg.

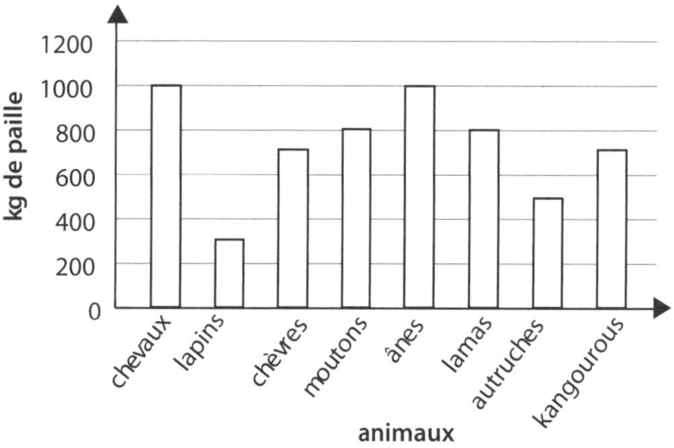

- Calcule la moyenne des diviseurs de 152 (différents de 0 et plus petits que 200).

....

....

La moyenne est ....

4. Résous.

- Calcule la moyenne de tous les diviseurs de 80.

....

....

La moyenne est ....

- Cinq nombres successifs ont 30 pour moyenne. Quels sont ces cinq nombres ?

....

Réponse : ....

- Il y a 25 élèves dans cette classe. Voici leurs résultats en math lors du dernier contrôle.
  Calcule le résultat moyen. Construis un graphique.

RÉSULTAT SUR 10	1	2	3	4	5	6	7	8	9	10
NOMBRE D'ÉLÈVES	0	3	1	2	1	3	2	4	5	4

....

Réponse : ....

5. Les affirmations suivantes sont-elles correctes ou non ? Si non, corrige !

La **moyenne** de 200, 10, 1100 et 600 est 400. VRAI / FAUX ....

245 est la moyenne de 75, 415 et 245. VRAI / FAUX ....

6. Complète le nombre manquant.

- la moyenne de 375 et 125 est ....
- 76 est la moyenne de 48 et ....
- 1 est la moyenne de 3, ..., ... et ....
- la moyenne de 450 et .... est 450.
- la moyenne de 3/6, 2/9, 5/18 est ....

17. Résoudre des problèmes de partages inégaux : la somme et la différence sont données

1. **Colorie.**

Florence (jaune) a 18 parts de moins que Jill (vert).
Au total, il y a 66 parts égales.
Combien de parts reçoit chaque enfant ?

La somme du nombre de parts est ....

La différence entre les nombres de parts est ....

Réponse : ....

2. **Partage et colorie.**

Julie (jaune) a trois parts de moins que Sven (vert).
Au total, il y a 27 parts égales.

La somme du nombre de parts est ....

La différence entre les nombres de parts est ....

Réponse : ....

Pauline (jaune) a douze parts de plus que Max (vert).
Au total, il y a 42 parts égales. Combien de parts a Pauline ? Combien de parts a Max ?

La somme du nombre de parts est ....

La différence entre les nombres de parts est ....

Réponse : ....

3. **Attention ! Résous.**

- Deux cordes mesurent ensemble 85 m. L'une a 10 m de plus que l'autre.
  Quelle est la longueur de chaque corde ?

  La plus courte mesure : ....

  La plus longue mesure : ....

• 219 élèves sont inscrits à l'école "Le trèfle à quatre feuilles". Il y a neuf filles de moins que de garçons. Combien y a-t-il de garçons et de filles à l'école ?

Nombre de garçons : ....

Nombre de filles : ....

• Les deux sixièmes années récoltèrent ensemble 195,50 € pour une action de charité. La 6A récolta 15 € de moins que la 6B.

La 6A a récolté ....

La 6B a récolté ....

• Hélène et Malika ont participé à un marathon de natation. Ensemble, elles ont nagé 90 longueurs. Malika a nagé 8 longueurs de moins qu'Hélène.

Hélène a nagé .... longueurs.

Malika a nagé .... longueurs.

• La somme de deux nombres est 87 000. Leur différence 150. Quels sont ces deux nombres ?

....

Exercices complémentaires

• Deux ferventes promeneuses ont parcouru ensemble, en une semaine, 108 km. Carine a marché 14 km de moins que Laure.

Carine a marché .... km.

Laure a marché .... km.

• Maman partage 250 euros entre ses deux filles. Hélène reçoit 25 euros de plus qu'Astrid.

Il y a .... à partager. Hélène reçoit .... qu'Astrid.

Hélène reçoit .... Astrid reçoit ....

• La somme de deux nombres est 2 775 000 et leur différence 895 000. Quels sont ces deux nombres ?

Le plus grand nombre est ....

Le plus petit nombre est ....

18. Résoudre des problèmes de partages inégaux : la somme et le rapport entre les parts sont donnés Calcul de probabilité

1. **Colorie.**

Hassan (jaune) a deux fois plus de bonbons que John (vert).
Au total, il y a 66 bonbons.
Combien de bonbons reçoit chaque enfant ?

0	0	0	0	0	0	0	0	0	0	0
0	0	0	0	0	0	0	0	0	0	0
0	0	0	0	0	0	0	0	0	0	0
0	0	0	0	0	0	0	0	0	0	0
0	0	0	0	0	0	0	0	0	0	0
0	0	0	0	0	0	0	0	0	0	0

La somme du nombre de bonbons est ....

Le rapport indique en combien de parts tu dois partager la quantité. Cela représente .... parts.

....

Réponse : ....

2. **Partage et colorie.**

Colorie la moitié en vert.
Au total, il y a 27 cases égales.

La somme du nombre des cases est ....

Le rapport est ....

....

Réponse : ....

Gilmuz (jaune) a un tiers de plus que Wodan (vert).
Au total, il y a 42 cases égales.
Combien de cases pour Gilmuz ?
Combien de cases pour Wodan ?

La somme du nombre des cases est ....

Le rapport est ....

....

Réponse : ....

3. **Attention ! Résous.**

- Dans cette confiturerie, on fabrique une confiture "trois fruits" : une part de mûres, deux parts de pommes et trois parts d'abricots. À la fin d'une journée de travail, 1 860 kg de confiture ont été produits.
  Combien de kg ont été utilisés pour chaque fruit ?

  ....

  Réponse : ....

- Pendant leurs vacances José, Daniel et Willy ont parcouru ensemble 2 400 km à vélo. Willy a parcouru le double de la distance de Daniel. José a parcouru le triple de la distance de Daniel.
  Calcule la distance parcourue par chacun des trois amis.

  ....

  ....

  Réponse : ....

4. **Un club de jeux de société se cherche un logo. On retient celui-ci mais il faut encore le colorer en bleu, vert et jaune.**

Combien y a-t-il de possibilités au total ? ....

Et pour que le bleu et le jaune se touchent ? ....

5. **Les gants de la famille Farfouille sont tous mélangés dans un tiroir. Heureusement, les 5 paires ont des motifs différents : lignés, unis, à pois, quadrillés et à zigzags. Sans les regarder, combien de gants maman devra-t-elle piocher pour être sûre d'avoir une paire de gants de même motif ?**

Il faut en tirer ....

19. Résoudre des problèmes de masse brute, masse nette et tare

Synthèse

Masse nette	➜	chips
+ Tare	➜	emballage
Masse brute	➜	paquet de chips

1. Complète.

Masse brute (MB)	Masse nette (MN)	Tare (T)
2580 kg	$\frac{3}{4}$ de MB : …………	…………
…………	…………	240 g ou 10 % de MB
120 kg	87 % de MB : …………	…………
…………	75 kg ou $\frac{4}{5}$ de MB	…………

2. Complète par masse brute - masse nette - tare.

Un paquet de café : …………

Une boîte de biscuits : …………

Une caisse de pommes : …………

Des tranches d'ananas égouttées : …………

Épluchures de pommes de terre : …………

Une boîte de tomates : …………

3. Sébastien reçut de son grand-père un cadeau pour son anniversaire, via la poste.

- Le colis postal pesait 1,650 kg. Son grand-père dut payer 6,85 € pour l'envoi.
  Parmi l'emballage de protection, Sébastien a trouvé une montre de 63 grammes.
  Cherche la masse brute, la masse nette et la tare.

…………

Réponse : Masse brute : ………… Masse nette : …………

Tare : …………

- Sur une plaque de camion, tu peux lire ceci :

TARE : 6800 kg
CHARGEMENT UTILE : 16 200 kg

Cherche et écris la masse brute, la masse nette et la tare.

Réponse : Masse brute : .... Masse nette : ....

Tare : ....

- Cinq douzaines de caissettes de fruits pèsent au total 495 kg. Les caissettes vides pèsent ensemble 51 kg. Cherche la masse brute, la masse nette et la tare.

Réponse : Masse brute : .... Masse nette : ....

Tare : ....

- Nancy, l'épicière, achète trois caisses de fèves à couper pour 10 € la caisse. Une caisse pèse 17 kilos masse brute. Les caisses vides pèsent 20 % de la masse totale. Nancy vend ses fèves à 1,25 € le kg. Cherche la masse brute, la masse nette et la tare

Réponse : Masse brute : .... Masse nette : ....

Tare : ....

Son bénéfice est ....

4. **Résous.**

- Comme cadeau, grand-père reçoit un panier de bières.
Dans ce panier, il y a six bouteilles de "Duvel" de 33 cl, six bouteilles de "Kriek" de 25 cl et deux bouteilles de bière de table de 3/4 litre.
Quelle est la quantité nette de boisson reçue par grand-père ?

....

Réponse : ....

De quoi se compose la masse brute du cadeau ? ....

De quoi se compose la tare du cadeau ? ....

- Une remorque chargée de maïs pèse 8 450 kg. Le maïs pèse 80 % de la masse brute.
Calcule la masse nette.

....

Réponse : ....